大数据应用人才培养系列教材

大数据实践

总主编　刘　鹏　张　燕
主　编　袁晓东
副主编　黄必栋

清华大学出版社
北　京

内 容 简 介

本书内容涵盖了目前使用最为广泛的大数据处理系统 Hadoop 生态圈中的几大核心软件系统：分布式大数据处理系统 Hadoop、数据库 HBase、数据仓库工具 Hive、内存大数据计算框架 Spark 和 Spark SQL，详细介绍了它们的架构、工作原理、部署方法、常用配置、常用操作命令、SQL 引擎等内容。本书对上述几大系统的安装部署方式给出了详细步骤，常用命令也都有具体示例介绍，是一本实操性很强的工具书，能帮助初学者快速掌握这几款常用的大数据处理系统。

本书以浅显易懂的语言风格和图文并茂的操作示例引领读者迈入大数据实践之门，可以作为培养应用型人才的课程教材，也可作为相关开发人员的自学教材和参考手册。

本书封面贴有清华大学出版社防伪标签，无标签者不得销售。
版权所有，侵权必究。举报：010-62782989，beiqinquan@tup.tsinghua.edu.cn。

图书在版编目（CIP）数据

大数据实践/袁晓东主编. —北京：清华大学出版社，2018（2021.12重印）
（大数据应用人才培养系列教材）
ISBN 978-7-302-49425-6

Ⅰ. ①大… Ⅱ. ①袁… Ⅲ. ①数据处理-技术培训-教材 Ⅳ. ①TP274

中国版本图书馆 CIP 数据核字（2018）第 015141 号

责任编辑：贾小红
封面设计：刘　超
版式设计：魏　远
责任校对：王　颖
责任印制：刘海龙

出版发行：清华大学出版社
网　　址：http://www.tup.com.cn，http://www.wqbook.com
地　　址：北京清华大学学研大厦 A 座　　邮　　编：100084
社 总 机：010-62770175　　邮　　购：010-62786544
投稿与读者服务：010-62776969，c-service@tup.tsinghua.edu.cn
质 量 反 馈：010-62772015，zhiliang@tup.tsinghua.edu.cn

印 装 者：大厂回族自治县彩虹印刷有限公司
经　　销：全国新华书店
开　　本：185mm×260mm　　印　　张：14.75　　字　　数：261 千字
版　　次：2018 年 6 月第 1 版　　　　　　印　　次：2021 年 12 月第 5 次印刷
定　　价：58.00 元

产品编号：076250-01

编写委员会

总主编 刘 鹏 张 燕
主 编 袁晓东
副主编 黄必栋
参 编 廖若飞 张爱民

总　序

短短几年间，大数据就以一日千里的发展速度，快速实现了从概念到落地，直接带动了相关产业的井喷式发展。数据采集、数据存储、数据挖掘、数据分析等大数据技术在越来越多的行业中得到应用，随之而来的就是大数据人才缺口问题的凸显。根据《人民日报》的报道，未来3~5年，中国需要180万数据人才，但目前只有约30万人，人才缺口达到150万之多。

大数据是一门实践性很强的学科，在其金字塔形的人才资源模型中，数据科学家居于塔尖位置，然而该领域对于经验丰富的数据科学家需求相对有限，反而是对大数据底层设计、数据清洗、数据挖掘及大数据安全等相关人才的需求急剧上升，可以说占据了大数据人才需求的80%以上。比如数据清洗、数据挖掘等相关职位，需要源源不断的大量专业人才。

迫切的人才需求直接催热了相应的大数据应用专业。2018年1月18日，教育部公布了"大数据技术与应用"专业备案和审批结果，已有270所高职院校申报开设"大数据技术与应用"专业，其中共有208所职业院校获批了"大数据技术与应用"专业。随着大数据的深入发展，未来几年申请与获批该专业的职业院校数量仍将持续走高。同时，对于国家教育部正式设立的"数据科学与大数据技术"本科新专业，在已获批的35所大学之外，2017年申请院校也高达263所。

即使如此，就目前而言，在大数据人才培养和大数据课程建设方面，大部分专科院校仍然处于起步阶段，需要探索的问题还有很多。首先，大数据是个新生事物，懂大数据的老师少之又少，院校缺"人"；其次，院校尚未形成完善的大数据人才培养和课程体系，缺乏"机制"；再次，大数据实验需要为每位学生提供集群计算机，院校缺"机器"；最后，院校没有海量数据，开展大数据教学实验工作缺少"原材料"。

对于注重实操的大数据技术与应用专业专科建设而言，需要重点面向网络爬虫、大数据分析、大数据开发、大数据可视化、大数据运维工程师的工作岗位，帮助学生掌握大数据技术与应用专业必备知识，使其具备大数据采集、存储、清洗、分析、开发及系统维护的专业能力和技能,成为能够服务区域经济的发展型、创新型或复合型技术技能人才。无论是缺"人"、缺"机制"、缺"机器",还是缺少"原材料",最终都难以培养出合格的大数据人才。

其实,早在网格计算和云计算兴起时,我国科技工作者就曾遇到过类似的挑战,我有幸参与了这些问题的解决过程。为了解决网格计算问题,我在清华大学读博期间,于2001年创办了中国网格信息中转站网站,每天花几个小时收集和分享有价值的资料给学术界,此后我也多次筹办和主持全国性的网格计算学术会议,进行信息传递与知识分享。2002年,我与其他专家合作的《网格计算》教材正式面世。

2008年,当云计算开始萌芽之时,我创办了中国云计算网站(chinacloud.cn)(在各大搜索引擎"云计算"关键词中名列前茅),2010年出版了《云计算(第1版)》、2011年出版了《云计算(第2版)》、2015年出版了《云计算(第3版)》,每一版都花费了大量成本制作并免费分享对应的几十个教学PPT。目前,这些PPT的下载总量达到了几百万次之多。同时,《云计算》一书也成为国内高校的优秀教材,在中国知网公布的高被引图书名单中,《云计算》在自动化和计算机领域排名全国第一。

除了资料分享,在2010年,我们在南京组织了全国高校云计算师资培训班,培养了国内第一批云计算老师,并通过与华为、中兴、360等知名企业合作,输出云计算技术,培养云计算研发人才。这些工作获得了大家的认可与好评,此后我接连担任了工信部云计算研究中心专家、中国云计算专家委员会云存储组组长、中国大数据应用联盟人工智能专家委员会主任等。

近几年,面对日益突出的大数据发展难题,我们也正在尝试使用此前类似的办法去应对这些挑战。为了解决大数据技术资料缺乏和交流不够通透的问题,我们于2013年创办了中国大数据网站(thebigdata.cn),投入大量的人力进行日常维护,该网站目前已经在各大搜索引擎的"大数据"关键词排名中名列前茅;为了解决大数据师资匮乏的问题,我们面向全国院校陆续举办多期大数据师资培训班,致力于解决"缺人"的问题。

2016年年末至今,我们已在南京多次举办全国高校/高职/中职大数据免费培训班,基于《大数据》《大数据实验手册》以及云创大数据提供的大数据实验平台,帮助到场老师们跑通了Hadoop、Spark等多个大数据实验,使他们跨过了"从理论到实践,从知道到用过"的门槛。2017

年 5 月，我们还举办了全国千所高校大数据师资免费讲习班，盛况空前。

其中，为了解决大数据实验难问题而开发的大数据实验平台，正在为越来越多的高校教学科研带来方便，帮助解决"缺机器"与"缺原材料"的问题。2016 年，我带领云创大数据（www.cstor.cn，股票代码：835305）的科研人员，应用 Docker 容器技术，成功开发了 BDRack 大数据实验一体机，它打破了虚拟化技术的性能瓶颈，可以为每一位参加实验的人员虚拟出 Hadoop 集群、Spark 集群、Storm 集群等，自带实验所需数据，并准备了详细的实验手册（包含 42 个大数据实验）、PPT 和实验过程视频，可以开展大数据管理、大数据挖掘等各类实验，并可进行精确营销、信用分析等多种实战演练。

目前，大数据实验平台已经在郑州大学、成都理工大学、金陵科技学院、天津农学院、西京学院、郑州升达经贸管理学院、信阳师范学院、镇江高等职业技术学校等多所院校成功应用，并广受校方好评。同时，该平台以云服务的方式在线提供（大数据实验平台：https://bd.cstor.cn），实验更是增至 85 个，师生通过自学，可用一个月时间成为大数据实验动手的高手。此外，面对席卷而来的人工智能浪潮，我们团队推出的 AIRack 人工智能实验平台、DeepRack 深度学习一体机以及 dServer 人工智能服务器等系列应用，一举解决了人工智能实验环境搭建困难、缺乏实验指导与实验数据等问题，目前已经在清华大学、南京大学、南京农业大学、西安科技大学等高校投入使用。

在大数据教学中，本科院校的实践教学应更加系统性，偏向新技术的应用，且对工程实践能力要求更高。而高职高专院校及应用型本科则更偏向于技术和技能训练，理论以够用为主，学生将主要从事数据清洗和运维方面的工作。基于此，我们联合多家高职院校专家准备了《云计算导论》《大数据导论》《数据挖掘基础》《R 语言》《数据清洗》《大数据系统运维》《大数据实践》系列教材，帮助解决"机制"欠缺的问题。

此外，我们也将继续在中国大数据（thebigdata.cn）和中国云计算（chinacloud.cn）等网站免费提供配套 PPT 和其他资料。同时，持续开放大数据实验平台（https://bd.cstor.cn）、免费的物联网大数据托管平台万物云（wanwuyun.com）和环境大数据免费分享平台环境云（envicloud.cn），使资源与数据随手可得，让大数据学习变得更加轻松。

在此，特别感谢我的硕士导师谢希仁教授和博士导师李三立院士。谢希仁教授所著的《计算机网络》已经更新到第 7 版，与时俱进日臻完美，时时提醒学生要以这样的标准来写书。李三立院士是留苏博士，为我国计算机事业做出了杰出贡献,曾任国家攀登计划项目首席科学家。他的严谨治学带出了一大批杰出的学生。

  本丛书是集体智慧的结晶,在此谨向付出辛勤劳动的各位作者致敬!书中难免会有不当之处,请读者不吝赐教。我的邮箱:gloud@126.com,微信公众号:刘鹏看未来(lpoutlook)。

刘　鹏

于南京大数据研究院

2018 年 5 月

前　言

近年来信息技术迅速发展，互联网、移动、云计算、物联网等技术不断渗透到人们的生活和各行业中，影响和改变着传统的生活方式与工作方式。普及的移动设备、随处部署的物联网设备、互联网后台服务、云计算中心时刻都在产生大量的数据，由此产生了数据的爆炸式增长。企业现在要处理的数据无论是从规模还是从产生速度上都远远超过了以前，传统的数据处理技术已无法适应当前需求。大数据处理技术因此诞生并迅速发展，一方面满足了传统的数据处理需求，另一方面利用大数据技术挖掘出的有价值信息促进了信息技术的应用和发展。

大数据技术最初发展于互联网搜索引擎公司，如 Google、YAHOO!等，这些公司要检索海量的互联网数据，对大数据处理有着实际的需求。Google 公司于 2003 年发表了分布式文件系统论文，于 2004 年发表了 MapReduce 数据处理框架论文，把 Google 的大数据处理方法和系统公开了。随后基于这两篇论文的开源项目 Hadoop 诞生了，并在 2006 年发布了 0.1.0 版本。YAHOO!公司最初尝试了 Hadoop，在 2006 年部署了 300 台机器的集群，并且逐步扩大集群规模。由于使用 Hadoop 处理大数据非常有效，并且 Hadoop 是开源软件，可以使用普通的机器搭建集群，不少公司开始使用 Hadoop。从 2007 年的 3 家公司到 2008 年的 20 家公司，使用 Hadoop 的公司越来越多，包括 YAHOO!、Facebook、腾讯、阿里巴巴等。其中不少公司还参与到 Hadoop 开源项目中，截至 2011 年，Facebook、LinkedIn、eBay、IBM 集体贡献了 20 万行代码。大公司使用并参与改进 Hadoop，使得 Hadoop 项目迅速发展，功能逐渐丰富，性能不断提高，稳定性得到了增强，逐渐发展为大数据处理的主流工具和框架之一。

在 Hadoop 的应用中人们发现，基于 MapReduce 的数据处理框架存在着性能瓶颈，不适合响应性能要求高的数据处理。而 Hadoop 生态圈中的另一个分布式计算框架 Spark 能够较好地解决这个问题。Spark 诞生于加州大学伯克利分校的 AMP 实验室，最初的目标是进行迭代计算，适用于机器学习等领域（当时 Hadoop 数据处理框架的目标是进行数据批处理），后来发展为既适合数据批处理又适合迭代计算的并行处理框架。Spark 的发展非常迅速，2010 年开源；2013 年贡献给 Apache 基金会；2014 年成为 Apache 基金会顶级项目，且项目活跃，版本更新快。Spark 和 Hadoop 框架类似，都使用普通机器搭建集群，并且兼容 Hadoop 的分布式文件系统和 HBase 数据库。不同的是，Spark 充分利用了内存资源，并且提供了比 MapReduce 更加灵活和丰富的计算框架。使用 Spark 处理大数据，响应时间更快，编程语言丰富（支持 Java、Scala、Python、R 语言），数据处理效率高。随着 Spark 的不断发展，Spark 自己也形成了庞大的生态圈，包括数据存储、计算框架、结构化数据处理、机器学习、流式处理等重要模块，成为主流的大数据处理工具和框架之一。Spark 并非是 Hadoop 的替代，而是与 Hadoop 取长补短，相互兼容，各自适用于不同需求的数据处理和计算。

本书介绍了目前大数据处理的两套主流框架 Hadoop 和 Spark，包括 Hadoop 分布式文件系统、MapReduce 计算框架、HBase 数据库、Hive 结构化数据处理模块、Spark 计算框架和 Spark SQL 结构化数据处理模块。这些模块都是生态圈中重要的基本模块，模块间存在着依赖关系，如 Hive 中使用到了 MapReduce 计算框架、Spark 计算框架中使用到了 Hadoop 文件系统等。书中按照顺序由浅入深地介绍了各模块的系统原理、部署方法、配置方法、基本操作等内容。本书侧重于实践操作，通过实践学习大数据技术，在使用大数据工具的过程中使读者逐步了解大数据处理的基本概念、方法和步骤，强化实际操作能力，为进一步学习其他大数据技术打下良好的基础。

本书第 1 章和第 2 章由廖若飞编写，第 3 章由袁晓东编写，第 4 章由张爱民编写，第 5 章和第 6 章由黄必栋编写。本书编写过程中得到了刘鹏教授和清华大学出版社王莉、徐瑞鸿编辑的大力支持和悉心指导，在此深表感谢！虽然在完稿前我们反复审查校对，力求做到内容清晰无误、便于学习理解，但疏漏和不完善之处仍在所难免，恳请读者批评指正，不吝赐教。

袁晓东

2018 年 5 月

目　录

第 1 章　大数据概述
- 1.1　从数据库到大数据库 ··· 1
  - 1.1.1　关系型数据库 ··· 1
  - 1.1.2　大数据库 ··· 2
- 1.2　大数据库的类型 ·· 4
- 1.3　大数据库的应用 ·· 5
- 习题 1 ·· 8
- 参考文献 ·· 8

第 2 章　Hadoop 基础
- 2.1　Hadoop 简介 ·· 9
- 2.2　Hadoop 部署 ·· 14
  - 2.2.1　单节点部署 ·· 14
  - 2.2.2　伪分布式部署 ··· 18
  - 2.2.3　集群部署 ··· 25
- 2.3　Hadoop 常用命令 ·· 33
  - 2.3.1　用户命令 ··· 33
  - 2.3.2　管理命令 ··· 35
  - 2.3.3　启动/关闭命令 ·· 36
- 2.4　HDFS 常用命令 ·· 38
  - 2.4.1　用户命令 ··· 38
  - 2.4.2　管理命令 ··· 39
- 实验 1　Hadoop 实验 ··· 41
- 习题 2 ·· 42
- 参考文献 ·· 42

第 3 章　Hadoop 数据库 HBase
- 3.1　HBase 简介 ··· 43
  - 3.1.1　体系架构 ··· 43
  - 3.1.2　数据模型 ··· 46

3.1.3 主要特性 ……………………………………………………………… 51
3.2 HBase 部署 ……………………………………………………………… 51
　3.2.1 准备工作 ……………………………………………………………… 51
　3.2.2 单节点部署 …………………………………………………………… 53
　3.2.3 伪分布式部署 ………………………………………………………… 55
　3.2.4 集群部署 ……………………………………………………………… 57
　3.2.5 版本升级 ……………………………………………………………… 61
3.3 HBase 配置 ……………………………………………………………… 63
　3.3.1 配置文件 ……………………………………………………………… 63
　3.3.2 主要配置项 …………………………………………………………… 65
　3.3.3 配置建议 ……………………………………………………………… 69
　3.3.4 客户端配置 …………………………………………………………… 72
3.4 HBase Shell ……………………………………………………………… 72
　3.4.1 交互模式 ……………………………………………………………… 73
　3.4.2 非交互模式 …………………………………………………………… 82
3.5 HBase 模式设计 ………………………………………………………… 84
　3.5.1 设计准则 ……………………………………………………………… 84
　3.5.2 列族属性 ……………………………………………………………… 88
　3.5.3 表属性 ………………………………………………………………… 91
　3.5.4 设计实例 ……………………………………………………………… 94
3.6 HBase 安全 ……………………………………………………………… 97
　3.6.1 安全访问配置 ………………………………………………………… 97
　3.6.2 数据访问权限控制 …………………………………………………… 99
实验 2 HBase 集群搭建 …………………………………………………… 100
习题 3 ………………………………………………………………………… 101
参考文献 ……………………………………………………………………… 102

第 4 章　数据仓库工具 Hive

4.1 Hive 简介 ………………………………………………………………… 103
　4.1.1 工作原理 ……………………………………………………………… 104
　4.1.2 体系架构 ……………………………………………………………… 104
　4.1.3 数据模型 ……………………………………………………………… 106
4.2 Hive 部署 ………………………………………………………………… 108
　4.2.1 Hive 部署模式 ………………………………………………………… 109
　4.2.2 Hive 内嵌模式部署 …………………………………………………… 110
　4.2.3 Hive 本地和远程模式部署 …………………………………………… 113

- 4.3 Hive 配置 ··············· 115
- 4.4 Hive 接口 ··············· 117
  - 4.4.1 Hive Shell 接口 ········· 117
  - 4.4.2 Hive Web 接口 ········· 119
- 4.5 Hive SQL ··············· 122
  - 4.5.1 数据类型 ············ 122
  - 4.5.2 DDL 语句 ············ 122
  - 4.5.3 DML 语句 ············ 137
- 4.6 Hive 操作实例 ············ 146
- 实验 3 Hive 实验 ············· 147
- 习题 4 ··················· 150
- 参考文献 ·················· 150

第 5 章 内存大数据计算框架 Spark

- 5.1 Spark 简介 ··············· 151
  - 5.1.1 Spark 概览 ············ 151
  - 5.1.2 Spark 生态系统 BDAS ····· 152
  - 5.1.3 Spark 架构与原理 ········ 153
- 5.2 Spark 部署 ··············· 155
  - 5.2.1 准备工作 ············ 155
  - 5.2.2 Spark 单节点部署 ······· 156
  - 5.2.3 Spark 集群部署 ········· 157
- 5.3 Spark 配置 ··············· 169
  - 5.3.1 Spark 属性 ············ 169
  - 5.3.2 环境变量配置 ·········· 171
  - 5.3.3 日志配置 ············ 171
  - 5.3.4 查看配置 ············ 172
- 5.4 Spark RDD ··············· 173
  - 5.4.1 RDD 特征 ············ 174
  - 5.4.2 RDD 转换操作 ········· 174
  - 5.4.3 RDD 依赖 ············ 175
  - 5.4.4 RDD 行动操作 ········· 177
- 5.5 Spark Shell ··············· 177
  - 5.5.1 准备工作 ············ 177
  - 5.5.2 启动 Spark Shell ········ 178
  - 5.5.3 创建 RDD ············ 179

5.5.4　转换 RDD ····· 180
　　5.5.5　执行 RDD 作业 ····· 181
实验 4　Spark Standalone 集群搭建 ····· 184
习题 5 ····· 185
参考文献 ····· 185

第 6 章　Spark SQL

6.1　Spark SQL 简介 ····· 186
　　6.1.1　Spark SQL 概览 ····· 186
　　6.1.2　Spark SQL 特性 ····· 188
　　6.1.3　Spark SQL 架构与原理 ····· 188
　　6.1.4　和 Hive 的兼容性 ····· 190
　　6.1.5　数据类型 ····· 191
6.2　分布式 SQL 引擎 ····· 192
　　6.2.1　Spark SQL 配置 ····· 192
　　6.2.2　Spark SQL CLI ····· 195
　　6.2.3　Thrift JDBC/ODBC Server 的搭建与测试 ····· 198
6.3　使用 DataFrame API 处理结构化数据 ····· 201
实验 5　Thrift JDBC/ODBC Server 的搭建与测试 ····· 205
习题 6 ····· 206
参考文献 ····· 206

附录 A　大数据和人工智能实验环境

附录 B　Hadoop 环境要求

附录 C　名词解释

大数据概述

随着社交网络、电子商务、移动互联网等行业的发展,以及云计算、物联网等技术的兴起,数据正以前所未有的速度不断地增长和累积,传统关系数据库的存储能力、处理能力、处理速度、处理效率受到极大的挑战,大数据时代已经来临。工业界、学术界和政府机构都已经开始密切关注大数据领域,并对其产生浓厚的兴趣。市面上关于大数据库的开源和商用系统已经很多;百度学术上近三年来关于大数据的研究文章有 12 万余篇;我国在"十三五"规划(2016—2020 年)中提出:"实施国家大数据战略,推进数据资源开放共享"。作为"'十三五'十四项大战略"之一的"国家大数据战略",我国《大数据产业"十三五"发展规划》也正在紧张制定中。"十三五"期间,大数据领域必将迎来建设高峰和投资良机。从全球范围看,大数据主要应用在教育、交通、消费、电力、能源、大健康以及金融等七大重点领域,大数据的应用价值预计在 32 200 亿~53 900 亿美元。

本章先简要介绍了传统关系型数据库的概念和关系型数据库的优点,继而给出了大数据库的定义,分析了大数据库的类型,并结合具体实例介绍了大数据库的应用场景。通过本章的学习,读者可以对大数据库有基本的认识。

1.1 从数据库到大数据库

1.1.1 关系型数据库

传统数据库一般是指关系型数据库,它借助于集合代数等数学概念和方法来处理数据库中的数据。现实世界中的各种实体以及实体之间的各种联系均用关系模型来表示。现如今业界虽然对此模型有一些批评意见，但它还是数据存储的传统标准。标准数据查询语言 SQL 就是一种基于关系数据库的语言，这种语言执行对应关系型数据库中数据的检索和操作。主流的关系型数据库有 Oracle、SQL Server、MySQL、DB2、SyBase 等。

关系型数据库的优点：

（1）容易理解。关系型数据库使用实体来表示现实世界中的事物，使用属性表示实体的特征，使用二维表来描述逻辑世界的概念，相对于网状、层次等其他模型更容易理解。

（2）使用方便。基本通用的结构化查询语言（SQL）使得关系型数据库的操作十分方便。

（3）易于维护。完整性（实体完整性、参照完整性和用户定义的完整性）支持大大降低了数据冗余和数据不一致的概率。

关系型数据库存在的问题：

（1）难以满足高并发读写需求。网站的用户多，多用户并发操作非常频繁，往往达到每秒上万次读写请求，对于传统关系型数据库来说，磁盘 I/O 是一个很大的瓶颈。

（2）难以满足海量数据的高效率读写需求。网站每天产生的数据量是巨大的，对于关系型数据库来说，在多张包含海量数据的表中关联查询，效率非常低。

（3）扩展性差。在大型应用项目中，数据库是最难进行横向扩展的，当一个应用系统的用户量和访问量与日俱增的时候，数据库很难通过简单增加硬件和服务节点来扩展性能和提高负载能力。对于很多需要提供 24 小时不间断服务的网站来说，对数据库系统进行升级和扩展是非常痛苦的事情，往往需要停机维护和数据迁移。

1.1.2 大数据库

传统处理海量数据（数据仓库）的思路是采用高性能计算机，比如小型机、大型机。如果一台服务器不够用，就把几台服务器连起来，部署分布式数据库，不过这种扩展性也只能达到几台～十几台的级别，扩展性差，成本高。大数据系统放弃磁盘阵列而使用本地硬盘作为存储，通过增加文件副本的方式解决可靠性的问题，存储成本大大降低。分布式计算框架的支持，将计算任务分担到普通的服务器上。从软件层面来解决很多硬件问题，比如单块硬盘故障不影响整个集群的使用、使用普通服务器搭建集群等。这些新的理念极大地推动了大数据行业的发展。

Hadoop 是大数据系统的典型代表。Hadoop 底层的分布式文件系统具有高拓展性，通过一定数据冗余策略保证数据不丢失并且能提高计算效率，还可以存储各种格式的数据。同时其还支持多种计算框架，既有离线计算，又有在线实时计算，还有内存计算。Hadoop 生态圈中的 Hive 应用的主要场景就是离线分析，HBase 是实时计算的代表，Spark 则是内存大数据计算框架。

大数据是指无法在一定时间内用常规软件工具对其内容进行分析处理的数据集合。大数据技术是指从各种各样类型的数据中，快速获得有价值信息的能力。适用于大数据的技术，包括大规模并行处理数据库、数据挖掘、分布式文件系统、分布式数据库、云计算平台、互联网和可扩展的存储系统等。本书中把以 NoSQL（Not Only SQL）为代表的用于存储、管理、分析海量数据的系统称为大数据库，把大数据库及其依赖的软件环境称为大数据库系统。

具体来说，大数据具有以下四个基本特征：

（1）数据体量巨大。一般指 TB 以及 PB 级的数据。

（2）数据类型多样。比如图片、视频、音频、地理位置信息等。

（3）处理速度快。

（4）价值密度低。

NoSQL 是遵循 CAP 理论和 BASE 原则的典型。CAP 理论可简单描述为：一个分布式系统不能同时满足一致性（Consistency）、可用性（Availability）和分区容错性（Partition Tolerance）这三个需求，最多只能同时满足两个。因此，大部分 key-value 数据库系统都会根据自己的设计目的进行相应的选择。BASE 原则是指 Basically Available（基本可用）、Soft State（软状态）和 Eventually Consistent（最终一致性）。基本可用是指分布式系统在出现不可预知故障的时候，允许损失部分可用性；软状态和硬状态相对，是指允许系统中的数据存在中间状态，并认为该中间状态的存在不会影响系统的整体可用性，即允许系统在不同节点的数据副本之间进行数据同步的过程存在延时；最终一致性强调的是系统中所有的数据副本，在经过一段时间的同步后，最终能够达到一个一致的状态。

在性能上，NoSQL 数据存储系统都具有传统关系数据库所不能满足的特性，是面向应用需求而提出的各具特色的产品。在设计上，它们都关注对数据高并发地读写和对海量数据的存储，并具有很好的灵活性和性能。它们都支持自由的模式定义方式，可实现海量数据的快速访问。灵活的分布式体系结构支持横向可伸缩性和可用性，且对硬件的需求较低。

传统关系数据库的 ACID 原则和大数据库的 BASE 原则代表了两种截然相反的设计哲学。ACID 原则注重一致性，这是数据库的传统设计思路。20 世纪 90 年代末期提出的 BASE 原则对一致性和可用性进行平衡，是为了满足应用达到高可用性的设计思路，并且把主要需求和次要需求进行了取舍。

大数据涉及很多其他技术，比如网络技术、软件技术、数据库技术等，与之关系最密切的是云计算。云计算是大数据的基础平台与支撑技术。如果将各种大数据的应用比作一辆辆"汽车"，支撑起这些"汽车"运行的"高速公路"就是云计算。正是云计算技术在虚拟化、数据存储、管理与分析等方面的支撑使得大数据有了用武之地。

1.2 大数据库的类型

一般来讲，按数据存储方式和处理数据的类型不同，将大数据库分为 key-value 存储数据库、文档数据库和图数据库三大类，如表 1-1 所示。

表 1-1 大数据库类型

大 类 型	小 类 型	代 表 产 品	厂 家
key-value 存储数据库	key-column	Hbase	Apache Software Foundation
		Cassandra	Apache Software Foundation
		Voldemort	Amazon
	key-value	Redis	Redis Labs
	key-value cache	GemFire	Pivotal Inc
	key-document	MongoDB	MongoDB Inc
		CouchDB	Apache Software Foundation
文档数据库		MongoDB	MongoDB Inc.
		CouchDB	Apache Software Foundation
图数据库		Neo4j	Neo Technology Inc
		AllegroGraph	Franz Inc.

（1）key-value 存储数据库是指数据分为 key 和 value，用 key 定位 value，简化了数据模型，实现了数据的快速存储和读取，一般不关心 value 的类型，它可以是字符串或者二进制数据，因此 key-value 存储类型可以存储丰富的数据类型。

（2）文档数据库类型与 key-value 类型类似，但 value 是结构化的，一般使用类 Json 的格式，可以将文档数据库看作 key-value 的升级版，它们都是类 HashTable 的数据结构。

（3）图数据库是以数据结构中的图（Graph）的概念进行建模，数据储存在"图"中。"图"中的节点表示实体，边表示实体的关系。节点和边都可以有自己的属性。不同实体通过各种不同的关系关联起来，形成复杂的对象图。图数据库提供了在对象图上进行查找和遍历的功能。

1.3 大数据库的应用

随着信息化水平的提高和移动应用的普及，很多行业都积累了海量的数据。比如：微信与QQ的社交行为数据、移动设备很多传感器收集的大量用户行为数据（比如行走记录、App的使用次数等）、电商崛起产生的大量网上交易数据、全国各地实时空气质量监测数据等。海量数据的产生与收集为大数据库的应用提供了基础。

从上面的例子中可以看出，大数据在很多行业都有应用的基础，从技术层面讲，以下三种应用场景都可以看到大数据库的身影：① 离线分析；② 实时事务处理；③ 高并发、低延迟、实时事务应用。

场景一：离线分析

作业帮是百度公司推出的一个面向全国中小学生的移动学习平台。官方资料显示，截止到2016年6月，作业帮用户量突破1.3亿，占据拍照答题市场60%的份额。面对海量中小学生的点击浏览，作业帮每天产生的应用数据和行为数据在TB级别。如何做到海量数据稳定存储、做好数据统计分析、方便快捷地查询以及降低高昂运维成本成了作业帮最为头疼的问题。作业帮的解决方案如图1-1所示。

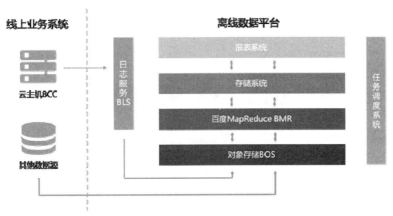

图1-1 作业帮整体解决方案

（1）线上业务系统用云主机解决负载均衡及海量存储问题。

（2）将线上业务系统与离线数据平台分离。线上业务系统实时为用户提供服务，离线数据平台提供报表分析等功能。

（3）日志服务 BLS 收集运行数据，存储到 BOS 中，然后使用百度 MapReduce 对数据筛选、清理、存储，最后接入报表系统。百度 MapReduce 是 Hadoop/Spark 集群。

场景二：实时事务处理

每天有超过 8 亿用户使用微信、QQ、QQ 空间等众多腾讯产品及第三方应用，他们分享感兴趣的内容，浏览商业信息。腾讯广点通承接了每天 200 多亿的广告流量，这对算法模型训练数据的准确性、实时性和完整性都提出了很高的要求。广点通利用 HBase + Storm 构建了广告日志实时处理平台，解决了实时数据回流和统计的问题。腾讯广点通广告业务数据流图如图 1-2 所示，系统架构如图 1-3 所示，负载特点如图 1-4 所示。

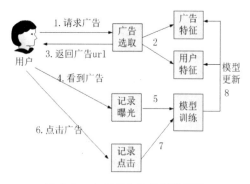

图 1-2 广点通广告业务数据流

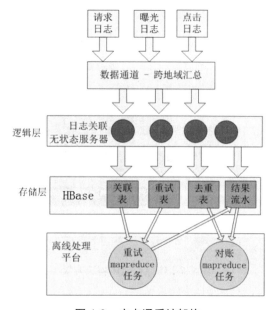

图 1-3 广点通系统架构

- 访问特性：
- 写HBase：每天300亿+；
- 读HBase：每天200亿+，而且都是随机读！
- 但是：
  - 只有100多亿读操作是预期读到数据的；
  - 大部分数据从写入到读取的时间延迟很小。

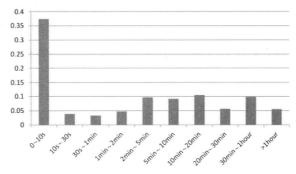

图 1-4　广点通平台负载特点

场景三：高并发、低延迟、实时事务应用

12306 互联网售票系统在 2011 年下半年开始上线使用。系统一上线，它就成为"全球最忙碌的网站"。在应对高并发访问处理方面，曾备受网民诟病。该网站业务的复杂度远超传统电商，非一般解决方案可以解决。官方数据显示，12306 平均一天的 PV（Page Views）值在 2500 万～3000 万，2015 年春运高峰日的 PV 值是 297 亿，流量增加 1000 倍。这样海量的请求，假如不能在短时间内动态调整网络带宽或增加计算资源，就会造成网络阻塞，甚至使整个系统不稳定。12306 负载情况如表 1-2 所示。

表 1-2　12306 负载

年　份	尖峰日 PV 值	放 票 次 数	网 络 带 宽	订单处理（张/秒）
2012	10 亿	4 次	1.5Gb/s	200
2013	15 亿	10 次	3Gb/s	450
2014	144 亿	16 次	5Gb/s	1000
2015	297 亿	21 次	12Gb/s	1032

2015 年起，12306 系统连续三年顺利通过春运大考。该系统之所以能取得现在的成功，核心思想是"利用云计算资源"、"按需及时扩充"和"快速调整"。技术上使用 Pivotal 的 Gemfire 架构。Gemfire 在表 1-1 中有介绍，它是一种 key-value cache 的 NoSQL 解决方案。简单地讲，它是一种内存数据库。相比于磁盘，计算机内存的数据读写速度要高出几个数量级，将数据保存在内存中，相比直接从磁盘上访问，极大地提

高了 I/O，可以提升系统的性能。Gemfire 使用 x86 PC 服务器，其性价比远远高于 UNIX/Linux 小型机。Gemfire 可以将数十台或者数百台廉价 PC 服务器组建成一个集群，组成最高可达数十 TB 的内存资源池，将全部数据加载到内存中，在内存中进行计算。计算过程本身不需要读写磁盘，只是定期将数据以同步或异步方式写到磁盘。GemFire 在分布式集群中保存了多份数据，任何一台机器故障，其他机器上还有备份数据，而且有磁盘数据作为备份，因此通常不用担心数据丢失。GemFire 支持把内存数据持久化到各种传统的关系数据库、Hadoop 库和其他文件系统中。GemFire 以其卓越的性能，成为高并发、低延迟、实时性要求高的大数据应用场景的有力竞争者。

习题 1

1．传统关系型数据库通常支持事务处理，数据库事务拥有四个特性，习惯上被称之为 ACID 特性。查阅资料简述什么是 ACID 特性？
2．你认为大数据库能取代传统关系数据库吗？简述理由。

参考文献

[1] 大数据 https://zh.wikipedia.org/wiki，2017．

[2] NoSQL https://en.wikipedia.org/wiki/NoSQL，2017．

[3] 作业帮 https://cloud.baidu.com/customer/case/zuoyebang.html，2017．

[4] 广点通广告引擎设计与实现/李锐 http://djt.qq.com/ppt/466，2015．

[5] 朱建生，王明哲，杨立鹏，等．12306 互联网售票系统的架构优化及演进[J]．铁路计算机应用，2015（11）：1-4．

[6] 孟小峰，慈祥．大数据管理：概念、技术与挑战[J]．计算机研究与发展，2013，50（1）：146-169．

[7] 朱建生，汪健雄，张军锋．基于 NoSQL 数据库的大数据查询技术的研究与应用[J]．中国铁道科学，2014，35（1）：135-141．

第 2 章

Hadoop 基础

Hadoop 由分布式存储 HDFS 和分布式计算 MapReduce 两部分组成。MapReduce 编程模型的思想来源于函数式编程语言 Lisp，由 Google 公司于 2004 年提出并首先应用于大型集群。同时，Google 也发表了 GFS、BigTable 等底层系统以应用 MapReduce 模型。在 2007 年，Google's MapReduce Programming Model-Revisted 论文发表，进一步详细介绍了 Google MapReduce 模型以及 Sazwall 并行处理海量数据分析语言。Hadoop 作为 Apache 基金会资助的开源项目，由 Doug Cutting 带领的团队进行开发，基于 Lucene 和 Nutch 等开源项目，实现了 Google 的 GFS 和 Hadoop 在多个节点的集群的稳定运行。2006 年 2 月 Apache Hadoop 项目正式支持 HDFS 和 MapReduce 的独立开发。2008 年之后，国内应用和研究 Hadoop 的企业也越来越多，包括淘宝、百度、腾讯、网易和金山等。

本章详细介绍 Hadoop 的生态圈、Hadoop 的三大核心组件、HDFS 的结构、Hadoop 的三种部署方法（单节点部署、伪分布式部署、集群部署）以及 Hadoop 和 HDFS 常用命令。通过本章的学习和实验，读者可以熟悉 Hadoop 集群的规划、部署、配置以及简单的管理和维护。

2.1 Hadoop 简介

Hadoop 是 Apache 软件基金会的一个开源项目。它是一个可靠的、可扩展的分布式计算框架。目前稳定的版本是 2.7.3，测试的 3.0.0-alpha2

版本也已经发布。它主要解决海量数据存储（HDFS）、海量数据分析（MapReduce）和资源管理调度问题（YARN）。在普通机器搭建的集群上进行海量数据（结构化与非结构化）的存储与处理是它的核心功能。

Hadoop 不仅是一个独立项目，同时也是一个生态圈。HBase、Hive 等项目依托于 Hadoop，它们面向不同的应用场景，增强 Hadoop 生态圈的功能，如图 2-1 所示。

Hadoop生态圈

Sqoop 关系数据ETL工具	Mahout 机器学习	Pig 脚本	Hive 数据仓库	Zookeeper 分布式协作服务
	Spark（InMemory模型）			
	HBase（分布式实时数据库）			
Flume 日志收集工具	MapReduce（并行计算框架）			
	YARN（资源管理平台）			
	HDFS（分布式文件系统）			

图 2-1　Hadoop 生态圈

1. 三大核心组件

Hadoop 有三大核心组件，如图 2-2 所示。

- Hadoop Distributed File System（HDFS）：分布式文件系统。
- YARN：资源管理平台。
- MapReduce：并行计算框架。

Hadoop 三大核心组件

- MapReduce（并行计算框架）
- YARN（资源管理平台）
- HDFS（分布式文件系统）

图 2-2　Hadoop 三大核心组件

2. HDFS 简介

HDFS 是分布式结构，它有易扩展、廉价易得、高吞吐量、高可靠性的特点。HDFS 在存储文件时，文件会被分割成多个 block 进行存储，block 大小默认为 64MB。

HDFS 是主从结构的，有主节点（NameNode）和从节点（DataNode）。一个主节点可关联多个从节点，一个从节点也可关联多个主节点。从节点又称数据节点。每一个 block 会在多个 DataNode 上存储多份副本，默认是 3 份。NameNode 负责管理文件目录、文件和 block 的对应关系以及 block 和 DataNode 的对应关系。DataNode 仅负责存储数据。如图 2-3 所示。

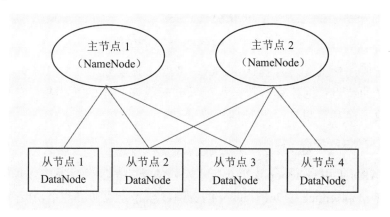

图 2-3　HDFS 结构图

3. MapReduce 简介

MapReduce 是 Hadoop 中的一个分布式计算框架，基于它写出来的应用程序能够运行在 Hadoop 集群上。MapReduce 采用"分而治之"的思想，把对大规模数据集的操作，分发给一个主节点管理下的各个从节点共同完成，然后通过整合各个节点的中间结果，得到最终结果。简单地说，MapReduce 就是"任务的分解与结果的汇总"。

在 Hadoop 中，用于执行 MapReduce 任务的机器角色有两个：一个是 JobTracker 即任务调度器；另一个是 TaskTracker 即任务执行器。任务调度器调度工作，任务执行器执行工作。一个 Hadoop 集群中只有一台 JobTracker，如图 2-4 所示。

在分布式计算中，MapReduce 框架负责处理并行编程中分布式存储、工作调度、负载均衡、容错均衡、容错处理以及网络通信等复杂问题，把处理过程高度抽象为两个函数：Map 和 Reduce。Map 负责把任务分解成多个子任务，Reduce 负责把分解后各个任务处理的结果汇总起来。

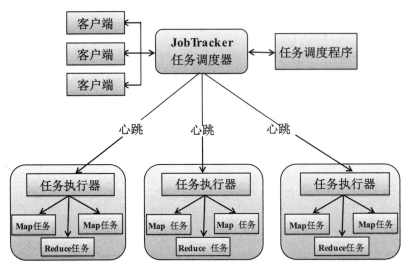

图 2-4 MapReduce1.0 原理图

需要注意的是，用 MapReduce 来处理的数据集（或任务）必须具备这样的特点：待处理的数据集可以分解成许多小的数据集，而且每一个小数据集都可以完全并行地进行处理。

4．YARN 简介

YARN 是从 Hadoop-0.23.0 版本引入的新的资源管理系统。其核心思想是将 MapReduce 中 JobTracker 的资源管理和作业调度两个功能分开，分别由 ResourceManager 和 ApplicationMaster 进程来实现。ResourceManager 负责整个集群的资源管理和调度，ApplicationMaster 负责应用程序相关事务，比如任务调度、任务监控和容错等。

5．HBase 简介

HBase 是一个建立在 HDFS 之上，面向列的针对结构化数据的可伸缩、高可靠性、高性能、分布式和面向列的动态模式数据库。它提供了对大规模数据的随机、实时读写访问，同时，保存的数据可以使用 MapReduce 来处理，它将数据存储和并行计算完美地结合在一起。

6．Hive 简介

Hive 由 FaceBook 公司开源，最初用于解决海量结构化的日志数据统计问题。Hive 定义了一种类似 SQL 的查询语言（HQL），将 SQL 转化为 MapReduce 任务，在 Hadoop 上执行，通常用于离线分析。HQL 用于运行存储在 Hadoop 上的查询语句，Hive 让不熟悉 MapReduce 的开发人员也能编写数据查询语句，然后这些语句被翻译为 Hadoop 上面的 MapReduce 任务。

Hive 和 HBase 是两种基于 Hadoop 的不同技术。前者是一种类 SQL 的引擎，并且运行 MapReduce 任务，后者是一种在 Hadoop 之上的 NoSQL 的 Key/value 数据库；前者适合做分析统计，后者适合做大数据的实时查询；前者不支持更新操作，后者可以更新数据。

7. Spark 简介

Spark 是一种与 Hadoop 相似的开源集群计算环境，它基于内存计算，数据分析速度更快。Spark 除了可以提供交互式查询外，还可以优化迭代工作负载。它支持多种数据源，可以在 Hadoop 文件系统中并行运行。Spark 是 Hadoop 生态圈中的重要成员。

8. Mahout 简介

Mahout 起源于 2008 年，最初是 Apache Lucent 的子项目，Mahout 的主要目标是实现一些可扩展的机器学习领域经典算法，旨在帮助开发人员更加方便快捷地创建智能应用程序。Mahout 现在已经包含了聚类、分类、推荐引擎（协同过滤）和频繁集挖掘等广泛使用的数据挖掘方法。除了算法，Mahout 还包含数据的输入/输出工具，与其他存储系统（如数据库、MongoDB 或 Cassandra）集成等数据挖掘支持架构。

9. Pig 简介

Pig 由 Yahoo 开源，设计动机是提供一种基于 MapReduce 的数据分析工具。Pig 定义了一种数据流语言 Pig Latin，它是 MapReduce 编程的复杂性的抽象，Pig 平台包括运行环境和用于分析 Hadoop 数据集的脚本语言（Pig Latin）。其编译器将 Pig Latin 翻译成 MapReduce 程序序列，将脚本转换为 MapReduce 任务在 Hadoop 上执行。通常用于进行离线分析。

10. Flume 简介

Flume 是由 Cloudera 开源的日志收集系统，具有分布式、高可靠性、高容错性、易于定制和扩展的特点。它将数据从产生、传输、处理并最终写入目标的路径的过程抽象为数据流，在具体的数据流中，数据源支持在 Flume 中定制数据发送方，从而支持收集各种不同协议数据。同时，Flume 数据流提供对日志数据进行简单处理的能力，如过滤、格式转换等。此外，Flume 还具有能够将日志写往各种数据目标（可定制）的能力。

11．Sqoop 简介

Sqoop 是 SQL-to-Hadoop 的缩写，主要用于在传统数据库和 Hadoop 之间传输数据。

12．Zookeeper 简介

Zookeeper 解决分布式环境下的数据管理问题，比如统一命名、状态同步、集群管理和配置同步等。Hadoop 的许多组件依赖于 Zookeeper，它运行在计算机集群上面，用于管理 Hadoop 操作。

2.2 Hadoop 部署

Hadoop 有以下三种部署方法：单节点部署、伪分布式部署和集群部署，下面将分别介绍。

2.2.1 单节点部署

1．基础知识

要学习和使用 Hadoop，需要熟悉 Linux 基本命令，比如下载文件、使用 vi/vim 编辑文件、创建文件和创建目录等。并且要能够配置网络参数，比如修改主机名、配置静态 IP 地址、配置 DNS 和配置本地域名解析等。

2．软硬件环境

Hadoop 可以运行在 Windows 平台和 Linux 平台，推荐在 64 位 Linux 系统上运行。本书选择的 Linux 是 Centos7.0。一般学习和工作使用 Windows 系统，推荐在 Windows 中使用虚拟机来运行 Linux。虚拟机可以选择 VirutalBox 或者 VMware Workstation。

本书选择的 Hadoop 版本是 2.7.3，它是目前最新的正式版本。Hadoop 2.6 以及以前的版本只支持 JDK6，从 Hadoop 2.7 开始需要 JDK7。本书推荐使用 OpenJDK7。

3．安装步骤

（1）在虚拟机中安装 Centos7。

（2）安装 ssh。

```
$sudo yum install ssh
```

（3）安装 rsync。

```
$sudo yum install rsync
```

（4）安装 openjdk。

```
$sudo yum install java-1.7.0-openjdk-devel
```

（5）确认 jdk 版本。

```
$java -version
java version "1.7.0_131"
OpenJDK Runtime Environment (rhel-2.6.9.0.el7_3-x86_64 u131-b00)
OpenJDK 64-Bit Server VM (build 24.131-b00, mixed mode)
```

（6）下载 Hadoop 的安装包。

先在 Hadoop 官网 hadoop.apache.org 上找到 Hadoop 相应版本的下载地址，从图 2-5 中可以看出 Apache 官网同时提供了二进制包（binary）和源码包（source）的下载，只需要下载可执行程序。单击某个版本的 binary 之后，会跳转到镜像服务器的选择页面如图 2-6 所示。然后复制.tar.gz 文件的下载地址。

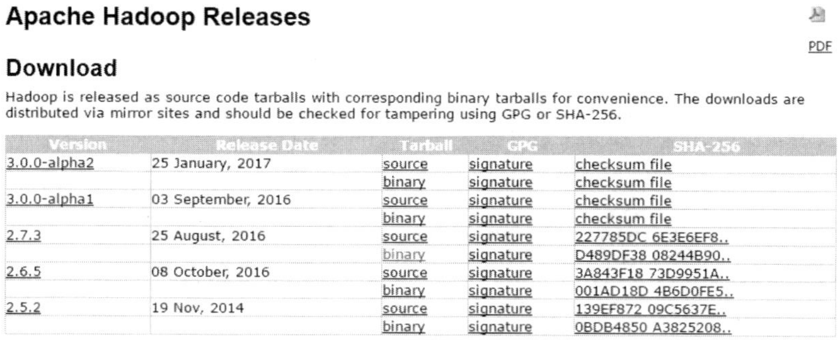

Apache Hadoop Releases

PDF

Download

Hadoop is released as source code tarballs with corresponding binary tarballs for convenience. The downloads are distributed via mirror sites and should be checked for tampering using GPG or SHA-256.

Version	Release Date	Tarball	GPG	SHA-256
3.0.0-alpha2	25 January, 2017	source	signature	checksum file
		binary	signature	checksum file
3.0.0-alpha1	03 September, 2016	source	signature	checksum file
		binary	signature	checksum file
2.7.3	25 August, 2016	source	signature	227785DC 6E3E6EF8..
		binary	signature	D489DF38 08244B90..
2.6.5	08 October, 2016	source	signature	3A843F18 73D9951A..
		binary	signature	001AD18D 4B6D0FE5..
2.5.2	19 Nov, 2014	source	signature	139EF872 09C5637E..
		binary	signature	0BDB4850 A3825208..

图 2-5 Hadoop 发布版本

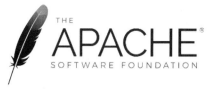

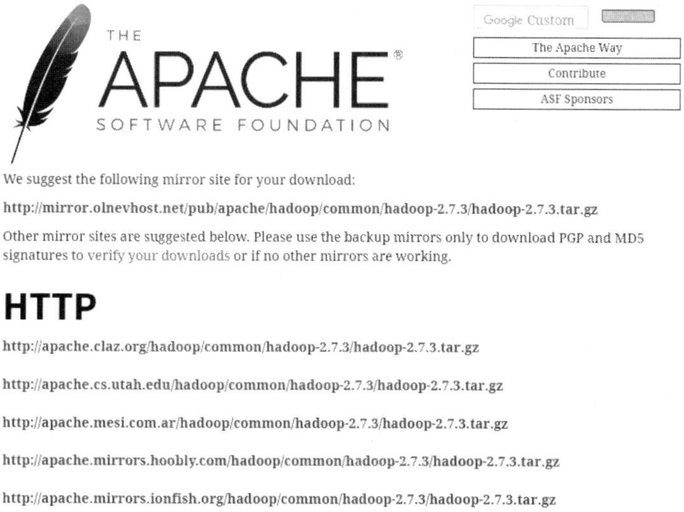

图 2-6 Hadoop 下载地址

在当前登录 Linux 的用户的 Home 目录中下载 Hadoop 安装包。

```
$cd ~
$wget 下载地址
```

（7）解压。

```
tar zxvf hadoop-2.7.3.tar.gz
```

解压成功之后，Hadoop 的路径为/home/hadoop/hadoop-2.7.3，一般称该路径为 Hadoop 的 Home，后面的命令一般都是在该路径下执行。

（8）在 Hadoop 的配置文件（etc/hadoop/hadoop-env.sh）中增加环境变量 JAVA_HOME。

在 Centos7 中 yum 安装 JDK 之后，JAVA_HOME 一般设置为：/etc/alternatives/java_sdk/jre_1.7.0_openjdk 或者/etc/alternatives/jre_1.7.0_openjdk，其他发行版本的 Linux 的 JDK 位置稍有不同，请根据实际情况做适当调整。如图 2-7 所示，将原来的 export JAVA_HOME 这一行注解掉，然后配置为实际的值。

```
# "License"); you may not use this file except in compliance
# with the License.  You may obtain a copy of the License at
#
#     http://www.apache.org/licenses/LICENSE-2.0
#
# Unless required by applicable law or agreed to in writing, software
# distributed under the License is distributed on an "AS IS" BASIS,
# WITHOUT WARRANTIES OR CONDITIONS OF ANY KIND, either express or implied.
# See the License for the specific language governing permissions and
# limitations under the License.

# Set Hadoop-specific environment variables here.

# The only required environment variable is JAVA_HOME.  All others are
# optional.  When running a distributed configuration it is best to
# set JAVA_HOME in this file, so that it is correctly defined on
# remote nodes.

# The java implementation to use.
export JAVA_HOME=/etc/alternatives/java_sdk/

# The jsvc implementation to use. Jsvc is required to run secure datanodes
# that bind to privileged ports to provide authentication of data transfer
```

图 2-7 配置 hadoop-env.sh

（9）至此完成了 Hadoop 的单节点部署，接下来验证配置是否正确。

```
$bin/hadoop version
```

在 hadoop-2.7.3 的安装目录下运行 bin/hadoop version，如图 2-8 所示。

```
[hadoop@master hadoop-2.7.3]$ pwd
/home/hadoop/hadoop-2.7.3
[hadoop@master hadoop-2.7.3]$ bin/hadoop version
Hadoop 2.7.3
Subversion https://git-wip-us.apache.org/repos/asf/hadoop.git -r baa91f7c6bc
Compiled by root on 2016-08-18T01:41Z
Compiled with protoc 2.5.0
From source with checksum 2e4ce5f957ea4db193bce3734ff29ff4
This command was run using /home/hadoop/hadoop-2.7.3/share/hadoop/common/had
[hadoop@master hadoop-2.7.3]$
```

图 2-8 验证配置

（10）运行 MapReduce 任务。

Hadoop 的发行包里提供了一个名称为 hadoop-mapreduce-examples-2.7.3.jar 的 jar 包。该 jar 是 MapReduce 的演示程序，开发人员可以按它的结构、思路进行开发，测试人员可以用它测试集群能否正常工作。该程序本身的一个功能是从文本文件中按用户提供的正则表达式提取内容，把提取到的内容放到指定的目录中。比如可以用它来分析一个文本文件，把其中的纯数字的行提取出来。首先在 hadoop-2.7.3 的根目录下创建一个 input 的目录，目录里新建一个文本文件，名称为 1.txt，内容如图 2-9 所示，其中有两行纯数字，分别是 123 和 456。

```
hadoop@m1:~
ab
cd
dd
aadada
123
aaaaaa
3dddd
dddd3
456
zzz
bbbb
ccccccc
1.0f
100%
pi
3.14
ddd
zzz
ccccccc
dddddd
ddddd
ddddd

"1.txt" 23L, 114C
```

图 2-9 输入的文本文件

接下来，在 hadoop-2.7.3 的根目录下运行命令。

```
$bin/hadoop jar share/hadoop/mapreduce/hadoop-mapreduce-examples-2.7.3.jar
grep input output '^\d+$'
```

上述命令的含义是执行当前目录下 bin 目录里的 hadoop 程序。jar 是 bin/hadoop 的参数，表示后面的 jar 包（share/hadoop/mapreduce/hadoop-mapreduce-examples-2.7.3.jar）通过 bin/hadoop 目录加载执行。grep 以及后面的部分是 hadoop-mapreduce-examples-2.7.3.jar 需要的参数，指定了输入目录是 input，输出目录是 output，输入的正则表达式是'^\d+$'。特别要注意 output 不需要自己创建，也不能自己创建，否则运行时将抛出异常。如图 2-10 所示。

```
[hadoop@master hadoop-2.7.3]$ pwd
/home/hadoop/hadoop-2.7.3
[hadoop@master hadoop-2.7.3]$ bin/hadoop jar share/hadoop/mapreduce/hadoop-m
apreduce-examples-2.7.3.jar grep input output '^\d+$'
17/08/06 17:01:00 WARN util.NativeCodeLoader: Unable to load native-hadoop l
ibrary for your platform... using builtin-java classes where applicable
17/08/06 17:01:01 INFO Configuration.deprecation: session.id is deprecated.
Instead, use dfs.metrics.session-id
17/08/06 17:01:01 INFO jvm.JvmMetrics: Initializing JVM Metrics with process
Name=JobTracker, sessionId=
17/08/06 17:01:01 INFO input.FileInputFormat: Total input paths to process :
 1
17/08/06 17:01:01 INFO mapreduce.JobSubmitter: number of splits:1
17/08/06 17:01:01 INFO mapreduce.JobSubmitter: Submitting tokens for job: jo
b_local454640348_0001
17/08/06 17:01:01 INFO mapreduce.Job: The url to track the job: http://local
host:8080/
17/08/06 17:01:01 INFO mapreduce.Job: Running job: job_local454640348_0001
17/08/06 17:01:01 INFO mapred.LocalJobRunner: OutputCommitter set in config
null
```

图 2-10　执行 mapreduce 任务

如果没有提示异常，表示 MapReduce 任务执行成功。最后验证结果是否正确，如图 2-11 所示。MapReduce 处理之后，提取出来的结果符合预期。

```
[hadoop@master hadoop-2.7.3]$ pwd
/home/hadoop/hadoop-2.7.3
[hadoop@master hadoop-2.7.3]$ cat output/*
1       456
1       123
```

图 2-11　验证结果

2.2.2　伪分布式部署

Hadoop 除了可以单节点部署，还可以伪分布式部署。伪分布式部署是在单节点部署的基础上继续配置，因此先完成单节点部署，再完成下面的步骤。

1. SSH 免密码登录

SSH 为 Secure Shell 的缩写，是专为远程登录会话和其他网络服务提供安全保障的协议。在 Hadoop 启动过程中，很多 Hadoop 核心服务需要通过 SSH 远程登录来启动，这就需要在节点之间执行指令时不输入密码，因此需要配置 SSH 使用无密码公钥认证。配置过程如下：

（1）产生公钥和私钥，如图 2-12 所示。

```
$ssh-keygen -t rsa -P '' -f ~/.ssh/id_rsa
```

执行上述命令，会在当前用户 home 里创建 .ssh 目录，并且在该目录下生成一对公钥和私钥。使用的算法是 RSA。公钥的文件名是 id_rsa.pub，私钥的文件名是 id_rsa。

```
[hadoop@master ~]$ ssh-keygen -t rsa -P '' -f ~/.ssh/id_rsa
Generating public/private rsa key pair.
Created directory '/home/hadoop/.ssh'.
Your identification has been saved in /home/hadoop/.ssh/id_rsa.
Your public key has been saved in /home/hadoop/.ssh/id_rsa.pub.
The key fingerprint is:
5a:f7:17:a5:5b:c7:60:60:a2:d5:44:d3:01:ab:26:2a hadoop@master
The key's randomart image is:
+--[ RSA 2048]----+
|         o+Bo..  |
|         o o.+.  |
|          . .o . |
|           . .=  |
|        S + o +| |
|         + + . +.|
|        E o   . o|
|         . .     |
|                 |
+-----------------+
```

图 2-12 产生公钥和私钥

（2）将公钥放到目标机器的 ~/.ssh/authorized_keys 中。

```
$cp ~/.ssh/id_rsa.pub ~/.ssh/authorized_keys
```

如果 authorized_key 已经存在，应该将 id_rsa.pub 的内容追加到 authorized_key，反之可以直接使用 cp 命令创建该文件，如图 2-13 所示。

```
[hadoop@master ~]$ cp ~/.ssh/id_rsa.pub ~/.ssh/authorized_keys
[hadoop@master ~]$ ls -ls ~/.ssh
total 12
4 -rw-r--r-- 1 hadoop hadoop  395 Aug  6 17:14 authorized_keys
4 -rw------- 1 hadoop hadoop 1679 Aug  6 17:09 id_rsa
4 -rw-r--r-- 1 hadoop hadoop  395 Aug  6 17:09 id_rsa.pub
[hadoop@master ~]$
```

图 2-13 发布公钥

（3）验证。在终端执行 ssh localhost。由于~/.ssh/known_hosts 中没有记录本地机器，第一次登录时，会有一个确认动作，需要输入 yes，以后登录不再需要确认。注销登录用 exit 命令。如图 2-14 所示。

```
[hadoop@master ~]$ ssh localhost
The authenticity of host 'localhost (::1)' can't be established.
ECDSA key fingerprint is ff:05:a4:b1:35:39:b6:bf:de:82:d2:e4:43:20:ce:86.
Are you sure you want to continue connecting (yes/no)? yes
Warning: Permanently added 'localhost' (ECDSA) to the list of known hosts.
Last login: Sun Aug  6 16:41:27 2017
[hadoop@master ~]$ exit
logout
Connection to localhost closed.
[hadoop@master ~]$ ssh localhost
Last login: Sun Aug  6 17:16:35 2017 from ::1
[hadoop@master ~]$
```

图 2-14　验证 ssh 免密码登录

2. 修改配置文件

（1）修改配置文件 etc/hadoop/core-site.xml。

```xml
<configuration>
    <property>
        <name>fs.defaultFS</name>
        <value>hdfs://localhost:9000</value>
    </property>
</configuration>
```

（2）修改配置文件 etc/hadoop/hdfs-site.xml。

```xml
<configuration>
    <property>
        <name>dfs.replication</name>
        <value>1</value>
    </property>
</configuration>
```

3. 格式化 NameNode

```
$bin/hdfs namenode -format
```

如果不报异常，并且提示"Storage directory /tmp/hadoop-hadoop/dfs/name has been successfully formatted."，表示格式化成功，如图 2-15 所示。注意，请勿进行重复格式化操作。每次格式化 NameNode 时，Hadoop 会重新创建一个 namenodeId，但是不会清空 DataNode 下的数据，因此该操作会导致 NameNode 与 DataNode 的 namenodeId 不一致，造成 DataNode 守护进程启动失败。

```
[hadoop@master hadoop-2.7.3]$ bin/hdfs namenode -format
17/08/06 17:20:56 INFO namenode.NameNode: STARTUP_MSG:
/************************************************************
STARTUP_MSG: Starting NameNode
STARTUP_MSG:   host = master/10.30.2.22
STARTUP_MSG:   args = [-format]
STARTUP_MSG:   version = 2.7.3
STARTUP_MSG:   classpath = /home/hadoop/hadoop-2.7.3/etc/hadoop:/home/hadoop
/hadoop-2.7.3/share/hadoop/common/lib/jaxb-impl-2.2.3-1.jar:/home/hadoop/had
oop-2.7.3/share/hadoop/common/lib/jaxb-api-2.2.2.jar:/home/hadoop/hadoop-2.7
.3/share/hadoop/common/lib/stax-api-1.0-2.jar:/home/hadoop/hadoop-2.7.3/shar
```

图 2-15　格式化 namenode

4. 启动 NameNode 和 DataNode 的守护进程

```
$ sbin/start-dfs.sh
$ jps
```

注意 start-dfs.sh 在 sbin 目录里。命令 jps 的作用是检查守护进程是否在工作。正常情况下会启动 3 个进程：NameNode、DataNode 和 SecondaryNameNode。如图 2-16 所示。

```
[hadoop@master hadoop-2.7.3]$ sbin/start-dfs.sh
17/08/06 17:30:37 WARN util.NativeCodeLoader: Unable to load native-hadoop l
ibrary for your platform... using builtin-java classes where applicable
Starting namenodes on [localhost]
localhost: starting namenode, logging to /home/hadoop/hadoop-2.7.3/logs/hado
op-hadoop-namenode-master.out
localhost: starting datanode, logging to /home/hadoop/hadoop-2.7.3/logs/hado
op-hadoop-datanode-master.out
Starting secondary namenodes [0.0.0.0]
0.0.0.0: starting secondarynamenode, logging to /home/hadoop/hadoop-2.7.3/lo
gs/hadoop-hadoop-secondarynamenode-master.out
17/08/06 17:30:54 WARN util.NativeCodeLoader: Unable to load native-hadoop l
ibrary for your platform... using builtin-java classes where applicable
[hadoop@master hadoop-2.7.3]$ jps
3217 NameNode
3608 SecondaryNameNode
3379 DataNode
3816 Jps
```

图 2-16　启动 namenode 和 datanode 守护进程

要关闭 dsf，使用的命令如下：

```
$ sbin/stop-dfs.sh
```

5. 通过 web 检查 dfs 状态

在浏览器中打开 http://localhost:50070，如图 2-17 所示。

到目前为止，dfs 已经配置完成。接下来通过实验验证 dfs 是否正常工作。将 2.2.1 节中创建的 input/1.txt 存储到集群中，执行 MapReduce 任务，并且验证结果。

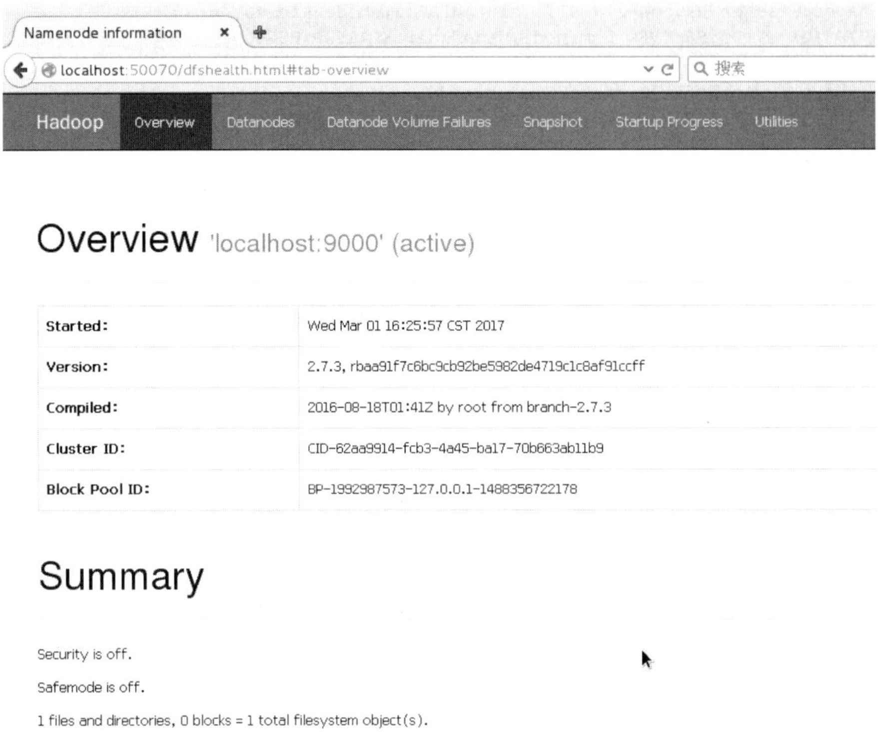

图 2-17　检查 dfs 状态

（1）首先在集群的根目录下创建 input 目录，然后列出根目录下的文件和目录以确认是否创建成功。

```
$ bin/hdfs dfs -mkdir /input
$ bin/hdfs dfs -ls /
```

执行结果如图 2-18 所示。

```
[hadoop@master hadoop-2.7.3]$ bin/hdfs dfs -mkdir /input
17/08/06 17:32:31 WARN util.NativeCodeLoader: Unable to load native-hadoop l
ibrary for your platform... using builtin-java classes where applicable
[hadoop@master hadoop-2.7.3]$ bin/hdfs dfs -ls /
17/08/06 17:32:41 WARN util.NativeCodeLoader: Unable to load native-hadoop l
ibrary for your platform... using builtin-java classes where applicable
Found 1 items
drwxr-xr-x   - hadoop supergroup          0 2017-08-06 17:32 /input
```

图 2-18　在集群中创建目录

（2）上传文件并在命令行验证。

```
$ bin/hdfs dfs -put input/1.txt /input/
$ bin/hdfs dfs -ls /input
```

执行结果如图 2-19 所示。

```
[hadoop@master hadoop-2.7.3]$ bin/hdfs dfs -put input/1.txt /input/
17/08/06 17:37:02 WARN util.NativeCodeLoader: Unable to load native-hadoop l
ibrary for your platform... using builtin-java classes where applicable
[hadoop@master hadoop-2.7.3]$ bin/hdfs dfs -ls /input
17/08/06 17:37:08 WARN util.NativeCodeLoader: Unable to load native-hadoop l
ibrary for your platform... using builtin-java classes where applicable
Found 1 items
-rw-r--r--   1 hadoop supergroup         57 2017-08-06 17:37 /input/1.txt
```

图 2-19　上传文件到集群

（3）在 Web 上验证文件内容。在主菜单中选择 Utilities→Brows File System，在输入框输入路径/input，然后单击 Go 按钮，即可看到文件。可以下载该文件，核对文件内容，如图 2-20 所示。

图 2-20　在 Web 上验证文件内容

（4）运行 MapReduce 任务。

$bin/hadoop jar share/hadoop/mapreduce/hadoop-mapreduce-examples-2.7.3.jar grep /input/1.txt /output '^\d+$'

与单节点部署类似，该命令不能重复运行，下次运行前，需要先删除 /output 目录，或者修改输出目录名。注意与 2.2.1 小节中运行 MapReduce 的命令比较，output 前多了一个斜线。如图 2-21 所示。

```
[hadoop@master hadoop-2.7.3]$ bin/hadoop jar share/hadoop/mapreduce/hadoop-m
apreduce-examples-2.7.3.jar grep /input/1.txt /output '^\d+$'
17/08/06 17:44:09 WARN util.NativeCodeLoader: Unable to load native-hadoop l
ibrary for your platform... using builtin-java classes where applicable
17/08/06 17:44:10 INFO Configuration.deprecation: session.id is deprecated.
Instead, use dfs.metrics.session-id
17/08/06 17:44:10 INFO jvm.JvmMetrics: Initializing JVM Metrics with process
Name=JobTracker, sessionId=
17/08/06 17:44:10 INFO input.FileInputFormat: Total input paths to process :
 1
17/08/06 17:44:10 INFO mapreduce.JobSubmitter: number of splits:1
17/08/06 17:44:10 INFO mapreduce.JobSubmitter: Submitting tokens for job: jo
b_local1093519633_0001
```

图 2-21　运行 MapReduce 任务

（5）输出 MapReduce 运行结果，并验证结果是否正确。

$ bin/hdfs dfs -cat /output/*

执行结果如图 2-22 所示,结果符合预期。

```
[hadoop@master hadoop-2.7.3]$ bin/hdfs dfs -cat /output/*
17/08/06 17:44:24 WARN util.NativeCodeLoader: Unable to load native-hadoop l
ibrary for your platform... using builtin-java classes where applicable
1       456
1       123
```

图 2-22　输出 MapReduce 运行结果

6. 配置 YARN

(1) 修改配置文件 etc/hadoop/mapred-site.xml。

```
<configuration>
    <property>
        <name>mapreduce.framework.name</name>
        <value>yarn</value>
    </property>
</configuration>
```

(2) 修改配置文件 etc/hadoop/yarn-site.xml。

```
<configuration>
    <property>
        <name>yarn.nodemanager.aux-services</name>
        <value>mapreduce_shuffle</value>
    </property>
</configuration>
```

(3) 启动资源管理进程和节点管理进程。

```
$sbin/start-yarn.sh
$jps
```

用 jps 命令查看进程,可以发现多了 NodeManager 和 ResourceManager,如图 2-23 所示。关闭进程的命令是 sbin/stop-yarn.sh。

```
[hadoop@master hadoop-2.7.3]$ sbin/start-yarn.sh
starting yarn daemons
starting resourcemanager, logging to /home/hadoop/hadoop-2.7.3/logs/yarn-had
oop-resourcemanager-master.out
localhost: starting nodemanager, logging to /home/hadoop/hadoop-2.7.3/logs/y
arn-hadoop-nodemanager-master.out
[hadoop@master hadoop-2.7.3]$ jps
3217 NameNode
5606 NodeManager
6021 Jps
3608 SecondaryNameNode
5476 ResourceManager
3379 DataNode
```

图 2-23　启动资源管理进程和节点管理进程

(4) 查看 ResourceManager 的 Web 接口,如图 2-24 所示。

图 2-24　查看 ResourceManager 的 Web 接口

到此伪分布式部署完成。此时还需要验证 YARN 启动之后 MapReduce 的执行情况，本书略过，请读者将此作为习题自行练习。

2.2.3　集群部署

学习了单机部署之后，接下来学习集群部署。Hadoop 的集群有多种架构，常见的有：传统的 NameNode 加 SecondaryNameNode 方式、Active Namenode 加 Standby Namenode 方式即 High Availability 方式以及 High Availability 加 Federation 方式，如表 2-1 所示。

表 2-1　Hadoop 集群部署架构

编号	常见集群部署架构	特　点	Hadoop 版本
1	传统方式	NameNode 加 SecondaryNameNode	1.x 和 2.x
2	HA	Active Namenode 加 Standby Namenode	2.x
3	HA + Federation	两组 Active Namenode 和 Standby Namenode	2.x

相比于 Hadoop 1.0，Hadoop 2.0 中的 HDFS 增加了两个重大特性：HA 和 Federaion。HA 即为 High Availability，用于解决 NameNode 单点故障问题，该特性通过热备的方式为主 NameNode 提供一个备用者，一旦主 NameNode 出现故障，可以迅速切换至备用 SecondaryNameNode，从而实现不间断对外提供服务。Federation 即为 "联邦"，该特性允许一个 HDFS 集群中存在多个 NameNode 同时对外提供服务，这些 NameNode 分管一部分目录（水平切分），彼此之间相互隔离，但共享底层的 DataNode 存储资源，进一步提升集群的性能和可靠性。建议初学者先学习传统方式的配置。本书不对 HA 和 Federation 做详细介绍。

1. 集群规划

为更好地理解集群中各服务器的功能，这里计划安排 6 台 Linux 服务器进行搭建，如表 2-2 所示。

表 2-2 集群规划

编　号	机　器　名	IP	进　　程
1	m1	10.17.147.101	NameNode
2	m2	10.17.147.102	SecondaryNamenode
3	m3	10.17.147.103	ResourceManager,JobHistory
4	m4	10.17.147.104	DataNode，DataNodeManager
5	m5	10.17.147.105	DataNode，DataNodeManager
6	m6	10.17.147.106	DataNode，DataNodeManager

2. 准备工作

（1）准备 6 台 Linux 服务器，也可以用虚拟机。1GB 以上内存，10GB 以上存储空间。

（2）分别将 6 台机器命名为 m1~m6，并指定静态 IP 地址。建议使用连续 IP 地址，并且使机器名与 IP 地址有一定的对应关系，减少出错的可能。例如：m1 的 IP 地址为 10.17.147.101，m2 的 IP 地址为 10.17.147.102。

（3）所有机器配置本地机器名解析。修改/etc/hosts，增加 m1~m6 的解析。

（4）所有机器之间配置 ssh 免密码登录。

实验环境中可以使用前面 2.2.2 小节中 ssh 免密码的配置方式，用一个公钥和私钥管理集群中所有的机器。具体办法是先在 m1 上做自身的 ssh 免密码登录配置，然后将~/.ssh/*用 scp 命令复制到其他机器的/home/用户名/.ssh/。

（5）关闭防火墙。

Centos7 下关闭、禁用默认防火墙以及检查其状态的命令如下，其他 Linux 请查阅相关文档。

```
$sudo systemctl stop firewalld
$sudo systemctl disable firewalld
$sudo systemctl status firewalld
```

（6）下载 Hadoop 安装包，并解压到适当的位置。

（7）所有机器上使用相同版本的 jdk 和 Hadoop 版本，并且保证 Hadoop 的目录在相同的位置。

3．准备工作的验证

（1）验证本地机器名解析正常。

在任意一台机器上 ping 其他机器，能解析到 IP 地址，并且网络延迟小。

（2）验证 ssh 免密码配置成功。

在任意一台机器上用 ssh 登录，其他机器不用输入密码也没有其他提示。请注意，这个步骤一定要做。因为第一次使用 ssh 登录时，本地 ~/.ssh/known_hosts 是空的。ssh 会核对远端机器的 IP 地址，并将发过来的公钥与本地 known_hosts 文件中的内容作比较。如果文件中没有该 IP 的公钥，会显示一个警告信息，询问是否继续连接。这个警告信息会中断自动化操作。

（3）在每台机器上运行 java -version 检查 jdk 版本。

（4）在每台机器上检查防火墙状态。

4．配置 Hadoop 参数

可以在 m1 上配置参数，待全部参数配置完成后再分发到其他机器上。

（1）配置 etc/hadoop/hadoop-env.sh。找到 JAVA_HOME，改为：

```
export JAVA_HOME=/etc/alternatives/jre_1.7.0_openjdk
```

（2）配置 core-site.xml。

fs.defaultFS 指定 hdfs 入口，一般放在 NameNode 上。开发 Hadoop 应用时，程序访问集群需要用到它。hadoop.tmp.dir 指定 Hadoop 的数据目录的位置，默认值为/tmp/hadoop-${user.name}，建议放在用户 home 目录里，如/home/用户名/hadoopData。

```xml
<configuration>
    <property>
        <name>fs.defaultFS</name>
        <value>hdfs://m1:9000</value>
    </property>
    <property>
        <name>hadoop.tmp.dir</name>
        <value>/home/用户名/hadoopData</value>
    </property>
    <property>
        <name>io.file.buffer.size</name>
        <value>131072</value>
    </property>
</configuration>
```

（3）配置 etc/hadoop/hdfs-site.xml。

dfs.namenode.http-address 和 dfs.namenode.secondary.http-addres 分别指定 NameNode 和 SecondaryNameNode 的 Web 页面地址。用户可以通过这两个地址观察运行情况。dfs.replication 指定了文件副本数量。当一个文件被存储到集群的时候，副本数为多少，文件就被存储几份，该参数不能大于 datanode 节点的数量。

```xml
<configuration>
        <property>
                <name>dfs.namenode.http-address</name>
                <value>m1:50070</value>
        </property>
        <property>
                <name>dfs.namenode.secondary.http-address</name>
                <value>m2:50070</value>
        </property>
        <property>
                <name>dfs.replication</name>
                <value>3</value>
        </property>
</configuration>
```

（4）配置 etc/hadoop/mapred-site.xml。

mapreduce.framework.name 指定使用 yarn 运行 MapReduce 程序。mapreduce.jobhistory.address 指定 JobHistoryServer 的地址。mapreduce.jobhistory.webapp.address 指定 JobHistoryServer 的 Web 地址，用户可以通过这个地址查看它的运行状况。

```xml
<configuration>
        <property>
                <name>mapreduce.framework.name</name>
                <value>yarn</value>
        </property>
        <property>
                <name>mapreduce.jobhistory.address</name>
                <value>m3:10020</value>
        </property>
        <property>
                <name>mapreduce.jobhistory.webapp.address</name>
                <value>m3:19888</value>
        </property>
</configuration>
```

(5) 配置 etc/hadoop/yarn-site.xml。

参数 yarn.resourcemanager.hostname 是指运行 ResourceManager 的服务器。

```xml
<configuration>
    <property>
        <name>yarn.resourcemanager.hostname</name>
        <value>m3</value>
    </property>
    <property>
        <name>yarn.nodemanager.aux-services</name>
        <value>mapreduce_shuffle</value>
    </property>
</configuration>
```

(6) 配置 etc/hadoop/slaves。

```
m4
m5
m6
```

(7) 分发配置文件。在 m1 上执行下面的命令。下列命令会将整个 Hadoop 的目录分发出去，如果只分发配置文件，可以只复制/home/hadoop/hadoop-2.7.3/etc/hadoop 目录。

```
scp -r /home/hadoop/hadoop-2.7.3 hadoop@m2:/home/hadoop/
scp -r /home/hadoop/hadoop-2.7.3 hadoop@m3:/home/hadoop/
scp -r /home/hadoop/hadoop-2.7.3 hadoop@m4:/home/hadoop/
scp -r /home/hadoop/hadoop-2.7.3 hadoop@m5:/home/hadoop/
scp -r /home/hadoop/hadoop-2.7.3 hadoop@m6:/home/hadoop/
```

5．启动集群

(1) 格式化 NameNode。

在 m1 上执行以下操作：

```
$ bin/hdfs namenode -format
```

请勿多次格式化，否则会造成 NameNode 和 DataNode 的 clusterID 不一致。如果不小心格式化了两次或者多次，可以将 NameNode 和 DataNode 对应机器（m1, m2, m4, m5, m6）的 hadoop.tmp.dir 指定的目录删除，然后再格式化。

（2）启动 NameNode。在 m1 上执行命令，并检查 NameNode 进程是否启动成功。

```
$sbin/hadoop-daemon.sh --script hdfs start namenode
$jps
```

执行结果如图 2-25 所示。

```
[hadoop@m1 hadoop-2.7.3]$ sbin/hadoop-daemon.sh --script hdfs start namenode
starting namenode, logging to /home/hadoop/hadoop-2.7.3/logs/hadoop-hadoop-namenode-m1.out
[hadoop@m1 hadoop-2.7.3]$ jps
3343 Jps
3275 NameNode
```

图 2-25　启动 NameNode

（3）启动 DataNode。在 m4 上执行命令，并检查 m4、m5、m6 上的进程是否启动成功。

```
$sbin/hadoop-daemons.sh --script hdfs start datanode
$jps
$ssh m5 jps
$ssh m6 jps
```

执行结果如图 2-26 所示。

```
[hadoop@m4 hadoop-2.7.3]$ pwd
/home/hadoop/hadoop-2.7.3
[hadoop@m4 hadoop-2.7.3]$ sbin/hadoop-daemons.sh --script hdfs start datanode
m4: starting datanode, logging to /home/hadoop/hadoop-2.7.3/logs/hadoop-hadoop-d
m5: starting datanode, logging to /home/hadoop/hadoop-2.7.3/logs/hadoop-hadoop-d
m6: starting datanode, logging to /home/hadoop/hadoop-2.7.3/logs/hadoop-hadoop-d
[hadoop@m4 hadoop-2.7.3]$ jps
3096 DataNode
3170 Jps
[hadoop@m4 hadoop-2.7.3]$ ssh m5 jps
2606 Jps
2528 DataNode
[hadoop@m4 hadoop-2.7.3]$ ssh m6 jps
2611 Jps
2533 DataNode
```

图 2-26　启动 DataNode

（4）启动全部 dfs 进程。在 m1 上执行命令，并检查 SecondaryNameNode 是否启动成功。

```
$sbin/start-dfs.sh
$jps
$ssh m2 jps
```

执行结果如图 2-27 所示。

前面第（2）步和第（3）步都可以不做，第（4）步会先启动 NameNode 和 DataNode，按书上这个顺序来启动，可以方便初学者找出配置错误。

```
[hadoop@m1 hadoop-2.7.3]$ pwd
/home/hadoop/hadoop-2.7.3
[hadoop@m1 hadoop-2.7.3]$ sbin/start-dfs.sh
Starting namenodes on [m1]
m1: namenode running as process 2581. Stop it first.
m6: datanode running as process 2533. Stop it first.
m4: datanode running as process 3096. Stop it first.
m5: datanode running as process 2528. Stop it first.
Starting secondary namenodes [m2]
m2: starting secondarynamenode, logging to /home/hadoop/hadoop-2.7.3/logs/hadoop
-hadoop-secondarynamenode-m2.out
[hadoop@m1 hadoop-2.7.3]$ jps
2581 NameNode
2931 Jps
[hadoop@m1 hadoop-2.7.3]$ ssh m2 jps
2357 SecondaryNameNode
2402 Jps
```

图 2-27 启动全部 dfs 进程

（5）启动 ResourceManager。在 m3 上执行命令，并检查 ResourceManager 进程是否启动成功。

$sbin/yarn-daemon.sh start resourcemanager
$jps

执行结果如图 2-28 所示。

```
[hadoop@m3 hadoop-2.7.3]$ sbin/yarn-daemon.sh start resourcemanager
starting resourcemanager, logging to /home/hadoop/hadoop-2.7.3/logs/yarn-hadoop-
resourcemanager-m3.out
[hadoop@m3 hadoop-2.7.3]$ jps
2373 ResourceManager
2408 Jps
```

图 2-28 启动 ResourceManager

（6）启动 NodeManager。在 m4、m5、m6 上执行命令，并检查 NodeManager 进程是否启动成功。

$sbin/yarn-daemon.sh start nodemanager
$jps

执行结果如图 2-29 所示。

```
[hadoop@m4 hadoop-2.7.3]$ sbin/yarn-daemon.sh start nodemanager
starting nodemanager, logging to /home/hadoop/hadoop-2.7.3/logs/yarn-hadoop-node
manager-m4.out
[hadoop@m4 hadoop-2.7.3]$ jps
3096 DataNode
3255 NodeManager
3305 Jps
```

图 2-29 启动 NodeManager

第（5）步和第（6）步可以合成一步完成。在 m3 上执行命令。

$sbin/start-yarn.sh

执行结果如图 2-30 所示。

```
[hadoop@m3 hadoop-2.7.3]$ sbin/start-yarn.sh
starting yarn daemons
resourcemanager running as process 2373. Stop it first.
m4: nodemanager running as process 3255. Stop it first.
m6: starting nodemanager, logging to /home/hadoop/hadoop-2.7.3/logs/yarn-hadoop-
nodemanager-m6.out
m5: starting nodemanager, logging to /home/hadoop/hadoop-2.7.3/logs/yarn-hadoop-
nodemanager-m5.out
```

图 2-30　启动 yarn

（7）启动 JobHistory Server。在 m3 上执行命令。

> $sbin/mr-jobhistory-daemon.sh start historyserver
> $jps

执行结果如图 2-31 所示。

```
[hadoop@m3 hadoop-2.7.3]$ sbin/mr-jobhistory-daemon.sh start historyserver
starting historyserver, logging to /home/hadoop/hadoop-2.7.3/logs/mapred-hadoop-
historyserver-m3.out
[hadoop@m3 hadoop-2.7.3]$
[hadoop@m3 hadoop-2.7.3]$
[hadoop@m3 hadoop-2.7.3]$ jps
2373 ResourceManager
2782 Jps
2745 JobHistoryServer
```

图 2-31　启动 HistoryServer

（8）用浏览器检查 Web 接口是否工作正常。

❑ NameNode：http://m1:50070，如图 2-32 所示。

Hadoop　Overview　Datanodes　Datanode Volume Failures　Snapshot　Startup Progress　Utilities

Overview 'm1:9000' (active)

Started:	Mon Mar 06 18:50:35 CST 2017
Version:	2.7.3, rbaa91f7c6bc9cb92be5982de4719c1c8af91ccff
Compiled:	2016-08-18T01:41Z by root from branch-2.7.3
Cluster ID:	CID-a49ddb6f-862d-418d-a0bf-2a8a10291047
Block Pool ID:	BP-1666539979-10.17.147.101-1488797278589

Summary

Security is off.
Safemode is off.
7 files and directories, 0 blocks = 7 total filesystem object(s).
Heap Memory used 99.79 MB of 140.5 MB Heap Memory. Max Heap Memory is 889 MB.
Non Heap Memory used 34.43 MB of 48.94 MB Commited Non Heap Memory. Max Non Heap Memory is 214 MB.

Configured Capacity:	110.92 GB
DFS Used:	36 KB (0%)
Non DFS Used:	13.18 GB

图 2-32　NameNode 的 Web 界面

❑ ResourceManager：http://m3:8088，如图 2-33 所示。

图 2-33　ResourceManager 的 Web 界面

❑ JobHistory：http://m3:19888，如图 2-34 所示。

图 2-34　JobHistory 的 Web 界面

（9）关闭集群。

在 m3 上执行下面的命令：

$sbin/stop-yarn.sh

在 m1 上执行下面的命令：

$sbin/stop-dfs.sh

到此集群部署完成。

2.3　Hadoop 常用命令

在 Hadoop 的 bin/ 目录里存放着用户命令，sbin/ 和 libexec/ 目录里存放着系统级的命令。用户命令用来操作 Hadoop 集群，比如在集群里创建目录，复制文件等。系统命令用来管理 Hadoop 集群，比如启动关闭 NameNode。其中最常用的是 bin/hadoop 和 bin/hdfs。

2.3.1　用户命令

bin/hadoop 提供了很多功能，比如文件操作、运行 MapReduce 程序等，下面详细介绍 hadoop 命令的用法。

1. $bin/hadoop

功能：显示帮助。

直接执行 Hadoop 命令可以显示帮助信息。Hadoop 后面不跟任何参数则显示帮助信息。Hadoop 命令后面可以跟指令或者类的名字。通过后续参数，实现不同的功能。Hadoop 的核心是用 Java 开发的，这里的类名也是指 Java 的类名。

```
$ bin/hadoop
Usage: hadoop [--config confdir] [COMMAND | CLASSNAME]
  CLASSNAME            run the class named CLASSNAME
 or
  where COMMAND is one of:
  fs                   run a generic filesystem user client
  version              print the version
  jar <jar>            run a jar file
                       note: please use "yarn jar" to launch
                             YARN applications, not this command.
  checknative [-a|-h]  check native hadoop and compression libraries availability
  distcp <srcurl> <desturl> copy file or directories recursively
  archive -archiveName NAME -p <parent path> <src>* <dest> create a hadoop archive
  classpath            prints the class path needed to get the
  credential           interact with credential providers
                       Hadoop jar and the required libraries
  daemonlog            get/set the log level for each daemon
  trace                view and modify Hadoop tracing settings

Most commands print help when invoked w/o parameters.
```

2. $bin/hadoop fs [参数]

功能：文件操作。

比如在集群中创建目录，命令如下：

```
$bin/hadoop fs -mkdir /input3
```

在 NameNode 的 Web 界面确认目录是否创建成功。在集群里任意一台服务器的浏览器里访问 http://m1:50070。然后在主菜单中选择 Utilities 下的 Browse the file system，应该可以看到刚才创建的目录 input3。

bin/hadoop fs 可用的常用参数列表如表 2-3 所示。

表 2-3 fs 常用命令

编号	命令	功能
1	-cat path/file	输出文本文件的内容
2	-appendToFile 本地文件 集群文件	将本地文件的内容追加到集群文件结尾
3	-copyFromLocal 本地文件 集群文件	将本地文件复制到集群
4	-copyToLocal 集群文件 本地文件	将集群文件复制到本地
5	-cp 集群原文件 集群目标文件	复制集群文件
6	-mv 集群原文件 集群目标文件	移动或重命名文件
7	-ls 路径	列出集群文件或者目录
8	-mkdir 路径	在集群中创建目录
9	-setrep [参数] [副本数] [路径]	设置文件副本数

fs 的一系列命令与后面 2.4 小节的 hdfs dfs 命令很类似。fs 涉及一个通用的文件系统，它可以指向任何文件系统，如 local、HDFS。在 Windows 下，可以指向 ntfs、fat32 等。hdfs dfs 命令仅针对 hdfs 操作。

3．$bin/hadoop jar [jar 文件路径]

功能：运行 MapReduce 程序。

4．$bin/hadoop version

功能：查看 Hadoop 版本。

5．$bin/hadoop checknative

功能：检查 Hadoop 的本地库。

Hadoop 在运行过程中需要用到一些功能，第三方的程序或者类库已经实现，比如文件压缩、对 https 的支持等，所以 Hadoop 引入了本地库（Native Libraries）的概念。通过本地库，Hadoop 可以更加高效地执行某些操作。比如在文件压缩方面，Hadoop 使用了 zlib 和 bzip2。本地库一般以动态链接库的方式提供，它分 32 位和 64 位版本，不能混用。本地库的默认路径在 hadoop/lib/native。Hadoop 默认加载本地库，可通过环境变量或者配置文件修改是否启用本地库。

2.3.2 管理命令

$bin/hadoop daemonlog -getlevel <host:httpport> <classname>
$bin/hadoop daemonlog -setlevel <host:httpport> <classname> <level>
功能：动态调整日志级别。

Hadoop 在底层使用 Apache 的开源项目 commons-logging、log4j 和 slf4j 作为日志系统。日志库将日志分为 5 个级别，分别为 DEBUG、INFO、WARN、ERROR 和 FATAL。这 5 个级别对应的日志信息重要程度不同，由低到高依次为 DEBUG < INFO < WARN < ERROR < FATAL。日志输出规则为：只输出级别不低于设定级别的日志信息。比如，级别设定为 INFO，则 INFO、WARN、ERROR 和 FATAL 级别的日志信息都会被输出，但级别比 INFO 低的 DEBUG 则不会被输出。

在 Java 程序中，可以为每个类单独设置日志输出级别，以方便发现程序在运行过程中出现的异常。除了使用上面的命令，还可以通过 Web 接口进行设置。Web 地址为 http://<hostname>:50070/logLevel。观察 Web 的端口，可以发现只能在 NameNode 和 SecondaryNameNode 上使用，而命令行可以在所有的服务器上使用。

2.3.3 启动/关闭命令

1. **$sbin/start-all.sh**

功能：启动集群所有服务。

该命令已经过时，不推荐再使用。可以通过调用 sbin/start-dfs.sh 或 sbin/start-yarn.sh 来实现功能。

2. **$sbin/start-dfs.sh**

功能：启动 dfs。

该命令一般在部署 NameNode 的服务器上执行，通过它可以依次启动 NameNode、全部 DataNode、SecondaryNameNode。启动集群时一般先启动 dfs，再启动 YARN。关闭集群时一般先关闭 YARN 再关闭 dfs。

3. **$sbin/start-yarn.sh**

功能：启动 YARN。

该命令一般在部署 ResourceManager 的服务器上执行，通过它可以启动 ResourceManager 和 NodeManager。

4. **$sbin/stop-all.sh**

功能：关闭集群所有服务。

该命令已经过时，不推荐再使用。可以通过调用 sbin/stop-dfs.sh 或 sbin/stop-yarn.sh 来实现功能。

5. $sbin/stop-yarn.sh

功能：关闭 YARN。

该命令一般在部署 ResourceManager 的服务器上执行，通过它可以关闭 ResourceManager 和 NodeManager。

6. $sbin/stop-dfs.sh

功能：关闭 dfs。

该命令一般在部署 NameNode 的服务器上执行，通过它可以依次关闭 NameNode、全部 DataNode 和 SecondaryNameNode。

7. $sbin/hadoop-daemon.sh [start|stop] 服务名

功能：单个 Hadoop 服务启动或者关闭。

该命令操作本地服务器，控制本地服务的启动或者关闭。服务名是指 namenode、datanode 和 secondarynamenode。服务名一般全部使用小写字母。

8. $sbin/hadoop-daemons.sh [start|stop] 服务名

功能：全部 slaves 上的 Hadoop 服务启动或者关闭。

该命令用来操作 slaves 上的服务，控制远端服务的启动或者关闭。它的原理是通过 ssh 访问 etc/hadoop/slaves 文件里的每一台服务器，然后在远端调用 sbin/hadoop-daemons.sh 来控制服务。一般用它来关闭全部的 DataNode，而不用一台一台地关闭。

9. $sbin/yarn-daemon.sh [start|stop] 服务名

功能：单个 yarn 服务的启动或者关闭。

该命令操作本地服务器，控制本地服务的启动或者关闭。服务名是指 ResourceManager 和 NodeManager。

10. $sbin/yarn-daemons.sh [start|stop] 服务名

功能：全部 slaves 上的 yarn 服务启动或者关闭。

该命令用来操作 slaves 上的服务，控制远端服务的启动或者关闭。它的原理是通过 ssh 访问 etc/hadoop/slaves 文件里的每一台服务器，然后在远端调用 sbin/yarn-daemons.sh 来控制服务。一般用它来关闭全部的 NodeManager，而不用一台一台地关闭。

11．$bin/hdfs secondarynamenode

功能：以控制台的方式启动 SecondaryNameNode。以控制台的方式启动有以下特点：

（1）启动过程中显示日志信息。

（2）程序在 Shell 中运行，而非在后台运行。

（3）如果关闭 Shell，程序也一起终止。

（4）程序运行过程中和启动之后可以随时按【Ctrl+C】键终止。

该功能在初次启动服务的时候特别有用，可以快速定位异常。

12．$bin/hdfs namenode

功能：以控制台的方式启动 NameNode。

13．$bin/hdfs datanode

功能：以控制台的方式启动 DataNode。

2.4 HDFS 常用命令

bin/hdfs 命令提供了丰富的功能，包括文件操作、集群的维护等。

2.4.1 用户命令

对普通用户来讲，最常用的功能是文件操作。该操作通过在 bin/hdfs 命令后面跟 dfs、fsck 等参数来实现。

1．$bin/hdfs

功能：显示帮助。

2．$bin/hdfs dfs [参数]

功能：文件操作，与$bin/hadoop fs 的参数完全一样。这里不再详细介绍。

3．$bin/hdfs namenode -format

功能：格式化 NameNode。

4．$bin/hdfs getconf

功能：从配置文件中获取配置信息，该命令不需要启动集群。

例如：$bin/hdfs getconf -namenodes，查询集群中 NameNode 的名称。

5. $bin/hdfs fsck [路径] [参数]

功能：处理损坏的文件，参数如表 2-4 所示。

表 2-4 fsck 参数

编号	参数	功能
1	-list-corruptfileblocks	输出损坏的文件及丢失的块
2	-move	将文件移动到/lost+found 目录
3	-delete	删除损坏的文件
4	-openforwrite	输出以写方式打开的文件
5	-files	输出该目录及子目录下所有文件的状态
6	-files -blocks	输出该目录及子目录下所有文件的块信息
7	-files -blocks -locations	输出该目录及子目录下所有文件在 DataNode 的存储信息
8	-files -blocks -racks	输出该目录及子目录下所有文件机架感知信息

Hadoop 集群一般以机架的形式来组织，同一个机架上不同节点间的网络状况比不同机架之间更为理想，默认情况下 Hadoop 的机架感知没有启用。所有的机器都默认在同一个机架下，名称为/default-rack，这种情况下，任何一台 DataNode 机器，不管物理上是否属于同一个机架，都被认为是在同一个机架下。

6. $bin/hdfs getconf [参数]

功能：同$bin/hadoop getconf。

2.4.2 管理命令

1. $bin/hdfs dfsadmin -report

功能：查看 HDFS 的基本统计信息。

2. $bin/hdfs dfsadmin -safemode <enter | leave | get | wait>

功能：配置安全模式。

安全模式是 NameNode 的一种状态，在安全模式下文件不能被修改，不能复制、删除文件块。进入安全模式一般是为了对集群进行维护。比如：增加 DataNode，或者在多个 DataNode 之间进行负载平衡等。进入安全模式后，在 NameNode 的 Web 接口页面可以看到 Safe mode is ON 的字样。当 NameNode 启动的时候，自动进入安全模式，如果没有故障，会自动离开安全模式。如果手动进入了安全模式，也只能手动离开安全模式。

3. $bin/hdfs dfsadmin -saveNamespace

功能：将内存信息保存到磁盘，并重置 edits 文件。

该命令只能在安全模式下使用。

4. $bin/hdfs dfsadmin - refreshNodes

功能：刷新节点和排除文件。

该命令会强迫 NameNode 重新加载 hosts 和排除文件，让新的 DataNode 或者断开的 DataNode 重新连接 NameNode。

5. $bin/hdfs dfsadmin – setBalancerBandwidth [byte per second]

功能：设置负载均衡带宽。

6. $bin/hdfs secondarynamenode [参数]

功能：操作 SecondaryNameNode，可用参数见表 2-5。

表 2-5 hdfs secondarynamenode 参数

编号	参数	功能
1	-checkpoint [force]	手工触发检查点功能
2	-format	启动时格式化本地空间
3	-geteditsize	获取 edits 文件大小

SecondaryNameNode 并不是 Hadoop 的第二个 NameNode，它不提供 NameNode 服务，而仅仅是 NameNode 的一个工具。这个工具帮助 NameNode 管理 Metadata 数据。它定时到 NameNode 去获取 fsimage 和 edits 文件，并更新到本地 fsimage 上。一旦创建了新的 fsimage 文件，它将其复制回 NameNode 中。NameNode 在下次重启时会使用这个新的 fsimage 文件，从而减少重启的时间。

7. $bin/hdfs balancer

功能：平衡集群中 DataNode 的数据。集群非常容易出现机器与机器之间磁盘利用率不平衡的情况，比如集群中添加新的数据节点。当 HDFS 出现不平衡状况的时候，将引发很多问题，比如 MapReduce 程序无法很好地利用本地计算的优势，机器之间无法达到更好的网络带宽使用率等。该命令与 $sbin/start-balancer.sh 功能一样。区别是前者以控制台方式运行，后者以服务方式运行。

实验 1　Hadoop 实验

实验目的

- 理解 Hadoop 的体系架构。
- 掌握 NameNode + SecondaryNameNode 的部署方式。
- 掌握 Hadoop 常用命令。
- 掌握运行 MapReduce 程序的方法。
- 掌握简单动态增加集群 DataNode 的方法。

实验要求

- 完成 Hadoop 集群部署前环境的准备工作。
- 能够将本地文件存储到集群中。
- 能够从集群中下载文件到本地。

实验步骤

（1）创建一个 3 个节点的集群，一个 NameNode，一个 SecondaryNameNode，一个 DataNode，文件副本数为 1。每台服务器剩余可用空间大于 10GB。

（2）准备一个不小于 10MB 的文本文件，文件格式参考图 2-9，将其上传到集群中。

（3）运行 MapReduce 程序 share/hadoop/mapreduce/hadoop-mapreduce-examples-2.7.3.jar。

（4）将 MapReduce 运行的结果下载到本地，并验证结果是否正确。

（5）将第（2）步上传的文本文件从集群中删除，将第（3）步运行的输出文件从集群中删除。

（6）在集群中上传一个不小于 4GB 的文件，用命令查询该文件的副本数。

（7）修改集群配置文件，设置文件副本数为 2，重启集群。观察之前上传的文件副本数是否有变化。

（8）修改集群配置文件，在集群中增加一台 DataNode。重启集群，用命令行验证两台 DataNode 是否加载成功，观察两台 DataNode 剩余可用空间。

（9）设置之前上传文件的副本数为 2，然后观察两台 DataNode 的剩余可用空间。

习题 2

1. 简述 Hadoop 的三种部署方式。
2. 简述单机 SSH 免密码登录的配置方式。
3. 简述两台机器间 SSH 免密码登录时，用两对公私钥来管理和配置的步骤。
4. 简述 Hadoop 三大核心组件的功能。
5. 查阅资源，学习 Hadoop 集群 HA 和 HA 加 Federaion 的配置方法。

参考文献

[1] Hadoop 官方网站 http://hadoop.apache.org/，2017.

第 3 章

Hadoop 数据库 HBase

HBase 是 Hadoop Database 的简写，是一种分布式可伸缩大数据存储系统。

2006 年 Google 发表论文 *Bigtable: A Distributed Storage System for Structured Data*，HBase 正是按照该论文思想设计开发的基于 Hadoop 和 HDFS 的大数据系统，它和 BigTable 一样采用了分布式、版本化、非关系型数据库模型，其目标是能够通过通用的硬件集群系统对数十亿行、数百万列以上级别的大表进行存储和处理。HBase 于 2008 年成为 Apache 的 Hadoop 项目的开源子项目，2010 年 5 月，HBase 脱离 Hadoop 项目，成为 Apache 顶级项目，其后发展非常迅速，经过多个版本的演化和不断改进，目前产品已趋成熟，成为主流的大数据库系统之一，在大数据处理领域得到广泛应用。

本章对 HBase 进行较为系统全面的介绍，内容包括 HBase 的体系架构和数据模型，HBase 的三种部署方法：单节点部署、伪分布式部署和集群部署，HBase 的主要配置文件和常用配置参数，HBase Shell 的常用命令，在 HBase 中进行模式设计的准则和主要设计属性，以及 HBase 的安全配置与数据访问权限控制。通过本章的学习和实验，读者可以熟悉 HBase 集群从规划、部署、配置到管理、使用的全过程。

3.1 HBase 简介

3.1.1 体系架构

HBase 集群采用 Master/Slave 主从架构，主节点运行的服务称为

HMaster，从节点服务称为 HRegionServer，通过 ZooKeeper 在服务器错误时进行协调，底层采用 HDFS 存储数据。HBase 集群体系架构如图 3-1 所示。

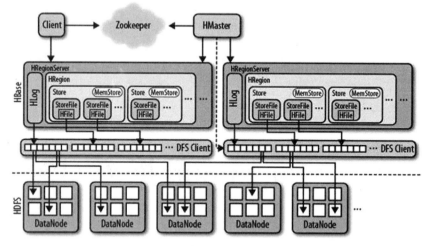

图 3-1　HBase 体系架构

1. HMaster

HMaster 是 HBase 集群的管理者，负责管理多个 HRegionServer，并负责表（Table）和区域（Region）的管理、对用户数据请求的响应。它的具体任务包括：

- 将 Region 分配给 HRegionServer。
- 协调 HRegionServer 的负载。
- 维护集群的状态，发现失效的 HRegionServer 并重新分配其上的 Region。
- 维护表和 Region 的元数据。
- 管理用户对表的增、删、改、查操作。
- GFS 上的垃圾文件回收。
- 处理 Schema 更新请求。

由于 HBase 客户端直接和 HRegionServer 通信，进行数据的读写，普通操作并不需要 HMaster 参与，所以 HMaster 失效短时间内 HBase 集群仍可继续工作，但由于 HMaster 负责集群的故障切换、HRegion 拆分、管理操作接口等关键功能，所以 HMaster 一旦失效需要尽快启动以避免发生集群故障。

HBase 集群最多可以配置 10 个 HMaster，从而避免 HMaster 发生单点故障。通过 ZooKeeper 的 Master Election 机制来保证任何时刻只有一个 HMaster 在运行。

2. HRegion 和 HRegionServer

HBase 在存储表数据时自动按行键（rowkey）将表分成很多块进行存储，每一块称为一个 HRegion。如图 3-1 所示，每个 HRegion 由一个或多个 Store 组成，每个 Store 保存表中一个列族的数据，由此可见 HBase 是按列存储的。每个 Store 由一个 MemStore 和若干个 StoreFile 组成，MemStore 保存在内存中，StoreFile 的底层实现则是以 HFile 的形式存储在 HDFS 上。

HRegionServer 负责管理本服务器上的 HRegions，处理对 HRegion 的 I/O 请求。如图 3-1 所示，一台服务器上一般只运行一个 HRegionServer，每个 HRegionServer 管理多个 HRegion。每台 HRegionServer 上有一个 HLog 文件，记录该 HRegionServer 上所有 HRegion 的数据更新操作，当该 HRegionServer 发生故障时，HLog 文件可用于灾难备份。

每张表最初只有一个 HRegion，当客户端进行数据更新操作时，先连接有关的 HRegionServer，由其向 HRegion 提交变更，提交的数据会首先写入 HLog 和 MemStore 中，当 MemStore 中的数据累计到设定的阈值时，HRegionServer 会启动一个单独的线程，将 MemStore 中的内容保存到磁盘上，生成一个新的 StoreFile。当 StoreFile 文件的数量增长到设定值后，就会将多个 StoreFile 合并成一个 StoreFile，合并时会进行版本合并和数据删除。注意 HBase 平时一直在增加数据，所有的更新和删除操作都是在后续的合并过程中进行的。当 HRegion 中单个 StoreFile 大小超过设定的阈值时，HRegionServer 会将该 HRegion 拆分为两个新的 HRegion，并且报告给主服务器，由 HMaster 来分配由哪些 HRegionServer 来存放新产生的两个 HRegion，最后，旧的 HRegion 不再需要时会被删除。反过来，当两个 HRegion 足够小时，HBase 也会将它们合并。

HRegion 是 HBase 表数据存储分配的最小单位，一张表的所有 HRegion 会分布在不同的 HRegionServer 上，但一个 HRegion 内的数据只会存储在一个 HRegionServer 上。

3. Client

Client 端有访问 HBase 的接口，并通过缓存来加快对 HBase 的访问。它使用 HBase 的 RPC 机制与 HMaster 和 HRegionServer 进行通信：对于管理类操作，Client 与 HMaster 进行通信；对于数据读写类操作，Client 与 HRegionServer 进行通信。

4. ZooKeeper

ZooKeeper 是一个开放源码的分布式应用程序协管员，主要用于解决分布式应用中经常遇到的统一命名服务、状态同步服务、集群管理、配置项管理等问题。HBase 安装包中含有内置 ZooKeeper，也可以使用独立安装的 ZooKeeper。

HBase 集群中的 ZooKeeper 主要有如下作用：

- 解决 HMaster 的单点故障问题。HBase 中可以启动多达 10 个 HMaster，通过 ZooKeeper 的 Master Election 机制保证任何时刻只有一个 HMaster 在运行。
- ZooKeeper 实时监控 HRegionServer 的上、下线信息并及时通知 HMaster，若有 HRegionServer 崩溃可以通过 ZooKeeper 来进行分配协调。
- ZooKeeper 中存储了 -ROOT- 表的地址、HMaster 的地址、HRegionServer 地址、HBase 的 Schema 和表的元数据，当 Client 连接到 HBase 时，需首先访问 ZooKeeper 以获取这些核心数据。

5. 元数据

前面已经介绍过，用户表被按行键分割成不同的 HRegion 来保存，通过 HRegion ID 来区分不同的 HRegion，所有的 HRegion ID 及其映射信息组成了 HRegions 元数据，用户表的 HRegions 元数据被存储在 .META. 表中，该表在 HBase 中也以 HRegion 的形式来进行存储。随着 .META. 表中数据的增多，它也会被拆分成多个 HRegion 来保存，.META. 表中各个 HRegion ID 及其映射信息组成了 HBase 的 -ROOT- 表，由 ZooKeeper 来记录 -ROOT- 表的位置信息。-ROOT- 表永远不会被分割且只有一个 HRegion，这样可以保证经过三次跳转就可以定位到任意一个 HRegion：客户端访问用户数据时，首先访问 ZooKeeper 获得 -ROOT- 表的位置，然后访问 -ROOT- 表获得 .META. 表的位置，最后根据 .META. 表中的信息确定用户数据存放的位置，如图 3-2 所示。

3.1.2 数据模型

1. 基本术语

HBase 中数据以表的形式存储，表包含行和列，这里借用了关系数据库的术语，但实际上 HBase 中的表和关系数据库是有很大区别的，下面来具体解读一下 HBase 中的常用术语。

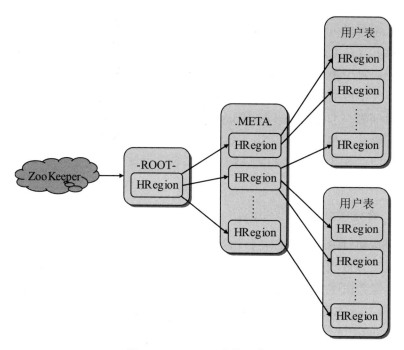

图 3-2 HRegion 定位示意图

表（Table）：HBase 中的表由若干行组成。

行（Row）：HBase 中表的一行由一个行键和若干个列名到值的映射组成。表的各行是按照行键的字母顺序存放的，因此行键的设计非常重要，应该设计成让彼此有关联的行的行键相邻，这样它们存放的位置也会相邻。举例来说，如果以域名作为行键，可以考虑将域名的各段顺序倒过来，即将 www.baidu.com 存为 com.baidu.www，这样所有百度的子域名（如 map.baidu.com、news.baidu.com）在表中都会存放在一起，而不是分散在表中的各个地方。

列（Column）：HBase 中的每一列都属于某一列族，列名称由<列族名>:<列修饰符>组成，如 person:name，person 是列族名，name 是该列的列修饰符。

列族（Column Family）：HBase 表在存储上是按列族存储的，将一张表同一列族下的所有列及其值存储在一起以便达到更好的性能。每一个列族还附带有存储属性，如是否要在内存中缓存、数据如何压缩、行键如何编码等等。表中的每一行都有相同的列族，但某一行可能在某一列族中没有存放任何内容。

列修饰符（Column Qualifier）：列修饰符加在列族名的后面用于表示某一列。尽管一张表有哪些列族在表创建时已经固定下来，但每一列族下都可以有任意多的列修饰符，并且每一行都可以有不同的列修饰符，非常灵活。

单元（Cell）：HBase中通过行键、列族、列修饰符的组合定位到一个单元，每个单元保存着多个版本的数据，即多个带有时间戳的值，时间戳代表了值的版本。单元中的值以字节码的形式存储，没有类型之分。

时间戳（Timestamp）：HBase中保存的每个值都带有一个时间戳，以时间戳作为值的版本标识。默认情况下使用写数据时HRegionServer的系统时间作为值的时间戳，精确到毫秒。也可以在写数据时显式指定时间戳的值。

2．概念视图

可以将HBase中的表看作是一个多维映射关系，通过行键+列+时间戳就可以映射到数据值。表3-1给出了一张员工信息表的概念视图示例，该例列出了表的两行数据，行键分别为C000001和C000002，有三个列族：basicinfo、performance和package，行C000001有三个版本，行C000002有两个版本，每个版本对应了对该行数据的一次修改，时间戳越大表示版本越新。第一行在t6版本中增加了列performance:y2015和列package:bonus，修改了列package:salary的值，在t9版本中增加了列performance:y2016，修改了列basicinfo:position、列package:salary和列package:bonus的值，第二行则在t7版本中增加了列performance:y2016。从表中可以看出每一行所包含的列可以不一样，而同一行也可以在新版本中随时增加不同的列。也可以看到HBase表的很多单元是没有值的，所以说HBase表是一个稀疏的多维映射表。

表3-1 HBase表概念视图示例

行键	时间戳	列族 basicinfo	列族 performance	列族 package
C000001	t9	basicinfo:position="Tenical manager"	performance:y2016 = "A"	package:salary ="15000" package:bonus ="20000"
	t6		performance:y2015 = "B"	package:salary ="13000" package:bonus ="10000"
	t3	basicinfo:name="张三" basicinfo:gender="男" basicinfo:birthyear="1978" basicinfo:position="Senior engineer"		package:salary ="12000"

续表

行键	时间戳	列族 basicinfo	列族 performance	列族 package
C000002	t7		performance:y2016 = "C"	
	t4	basicinfo:name="李四" basicinfo:gender="男" basicinfo:birthyear="1986" basicinfo:position="Engineer"		package:salary="8000"

除了通过上述表格的形式来表示 Hbase 数据之外，还可以用其他形式来表示，例如上表中的数据也可以表示为下面的多维映射关系：

```
{
  "C000001": {
    basicinfo: {
      t9: basicinfo:position="Tenical manager"
      t3: basicinfo:name="张三", basicinfo:gender="男",
          basicinfo:birthyear= "1978", basicinfo:position="Senior engineer"
    }
    performance: {
      t9: performance:y2016= "A"
      t6: performance:y2015= "B"
    }
    package: {
      t9: package:salary="15000", package:bonus="20000"
      t6: package:salary="13000", package:bonus="10000"
      t3: package:salary="12000"
    }
  }
  " C000002": {
    basicinfo: {
      t4: basicinfo:name="李四", basicinfo:gender="男",
          basicinfo:birthyear= "1986", basicinfo:position="Engineer"
    }
    performance: {
      t7: performance:y2016= "C"
    }
    package: {
      t4: package:salary="8000"
    }
  }
}
```

3. 物理视图

在概念视图中表以行的形式展现，而在物理存储时表是以列族的形式存储的，新的列（列族：列修饰符）可以随时加入到已存在的列族中。表 3-1 概念视图所对应的物理视图如表 3-2 所示。

表 3-2　HBase 表物理视图示例

行　　键	时　间　戳	列族 basicinfo
C000001	t9	basicinfo:position="Tenical manager"
	t3	basicinfo:name="张三" basicinfo:gender="男" basicinfo:birthyear="1978" basicinfo:position="Senior engineer"
C000002	t4	basicinfo:name="李四" basicinfo:gender="男" basicinfo:birthyear="1986" basicinfo:position="Engineer"

行　　键	时　间　戳	列族 performance
C000001	t9	performance:y2016= "A"
	t6	performance:y2015= "B"
C000002	t7	performance:y2016= "C"

行　　键	时　间　戳	列族 package
C000001	t9	package:salary="15000" package:bonus="20000"
	t6	package:salary="13000" package:bonus="10000"
	t3	package:salary="12000"
C000002	t4	package:salary="8000"

从表 3-2 中可以看出，在概念视图中出现的空单元实际上在物理视图中并没有保存，例如要访问时间戳 t6 下 C000002 的 basicinfo:position 列时，因为查不到该单元将返回空值 null。如果不指定时间戳访问数据，将返回该单元的最新时间戳的值，即该单元的第一个值，因为在一个单元中的多个版本数据是按照时间戳的降序保存的。因此，如果不指定时间戳访问 C000001 的所有列，将会返回 t9 版本的 basicinfo:position、performance:y2016、package:salary 和 package:bonus，返回 t6 版本的 performance:y2015，返回 t3 版本的 basicinfo:name、basicinfo:gender 和 basicinfo:birthyear。

3.1.3 主要特性

HBase 作为 NoSQL 数据库，不具备很多关系数据库的特性，比如列类型定义、索引存储、触发器、高级查询语言等，但是由于它是分布式数据库，具有良好的可伸缩性，通过增加安装在普通商用服务器上的 HRegionServers，可以很容易地扩充为几十个、数百个节点的集群，从而具备超强的对大数据的存储和处理能力。而像 Oracle RAC 这种关系数据库集群系统往往需要专业存储设备或者专门的硬件一体机，集群中的节点数量也不能过多。

HBase 还有以下比较显著的特性。

- 强读写一致性：HBase 不像某些大数据系统仅支持最终一致性，因此它很适合于需要高速计数的、聚合统计类的任务。
- 自动分片：HBase 表以 HRegins 的形式分布在整个集群中，HRegions 随着表数据的增长自动进行拆分和重新分布。
- HRegionServer 自动故障切换：当集群中有 HRegionServer 发生故障时，系统将其上的数据和任务自动分配到其他 HRegionServer。
- Hadoop/HDFS 集成：HBase 使用 HDFS 作为其分布式文件系统存储数据。
- MapReduce 集成：HBase 支持通过 MapReduce 对其数据进行高并发处理，并将结果存回到 HBase 中。
- Java 客户端 API：HBase 提供易于使用的 Java API 编程接口。
- Thrift/REST API：HBase 也提供 Thrift 和 REST 接口。
- 块缓存和布隆过滤（Bloom Filters）：HBase 支持通过块缓存和布隆过滤来进行大数据量实时查询优化。
- 操作管理：HBase 提供内置的 Web 页面，页面上可以反映出系统所执行的具体操作及 JMX 矩阵。

3.2 HBase 部署

3.2.1 准备工作

本节将介绍三种 HBase 部署方式：单节点部署、伪分布式部署和集群部署。前两种部署方式主要用于学习目的，生产环境上都应该采用集群部署。

HBase 集群部署需要准备多台服务器，单节点部署和伪分布式部署只要一台服务器就够了,操作系统一般采用主流版本的 Linux 操作系统。因为 HBase 的底层存储采用 HDFS,HBase 的集群部署需要先部署 Hadoop 集群,而单节点部署和伪分布式部署也可以不使用 HDFS,仅使用本地的文件系统进行存储。

HBase 集群对安装和运行环境的基本要求如下。

- ❑ JDK 安装:HBase 1.2、1.3 版本对 JDK7 和 JDK8 都支持,更早版本的 HBase 则建议安装 JDK7。
- ❑ ssh:HBase 的所有节点包括自身都必须能被主节点和所有备份主节点通过 ssh 免密码连接访问。第 2 章中已介绍建立 ssh 免密码访问的方法。
- ❑ DNS:HBase 使用本地机器名来获取 IP 地址,因此必须有 DNS 对本地机器名进行解析和反解析。一个比较简单的方法是将集群中所有节点的机器名与 IP 地址的映射关系保存到每个节点的 /etc/hosts 文件中。
- ❑ NTP:HBase 的各节点之间必须保持时钟同步,如果节点之间的时间差异比较大,会造成难以预期的异常行为。比较常用的保持节点间时钟同步的方法是安装运行 NTP(Network Time Protocol)服务。
- ❑ ulimit 配置:可以通过 ulimit –n 和 ulimit –u 命令查看操作系统当前用户允许同时打开的文件数和进程数,对于运行 HBase 的用户来说,建议这两个配置值都不小于 10000。不同的 Linux 版本配置 ulimit 的方法有所不同,需要根据具体的 OS 版本查找相应的配置方法。
- ❑ Linux Shell:HBase 中的脚本需要在 GNU Bash Shell 下运行,因此 OS 需要支持 GNU Bash Shell。
- ❑ Hadoop:HBase 集群部署必须先安装 Hadoop,HBase 1.2、1.3 支持的 Hadoop 版本有 Hadoop 2.4.x、2.5.x、2.6.1+ 和 2.7.1+。Hadoop 集群的安装方法在本书第 2 章中已经介绍,但需要加上以下两项额外步骤。
    - ✧ 在 Hadoop 各节点的配置文件 hdfs-site.xml 中加上 dfs.datanode.max.transfer.threads 配置项,表示 HDFS 数据节点可以同时服务的文件数上限,配置值不小于 4096,格式如下:

```
<property>
  <name>dfs.datanode.max.transfer.threads</name>
  <value>4096</value>
</property>
```

- HBase 安装后的 lib 子目录下自带了一套 Hadoop 的 jar 包，以供单节点部署使用，如果是集群部署，或者伪分布式部署，但要使用 HDFS 时，则在 HBase 安装后，必须将其 lib 子目录下的这套 Hadoop 的 jar 包替换为实际使用的 Hadoop 版本的 jar 包，否则版本不匹配会导致难以预期的系统故障。
- ZooKeeper：可以使用 HBase 安装包中自带的 ZooKeeper，也可以独立安装 ZooKeeper 供 HBase 使用，注意必须安装 3.4.x 版本。

3.2.2 单节点部署

准备工作完成后，部署前首先要下载 HBase 安装包，可以到官方网址 http://www.apache.org/dyn/closer.cgi/hbase/ 上选择稳定的 HBase 版本下载安装包，本章内容所使用的版本是 HBase 1.2.4，下载的安装包文件名为 hbase-1.2.4-bin.tar.gz。

单节点部署的安装步骤如下。

（1）选定安装目录，执行如下命令解压 HBase 安装包：

[root@client local]# **tar xzvf hbase-1.2.4-bin.tar.gz**

命令执行后安装包中的文件全部被解压到 hbase-1.2.4 子目录下。

（2）在 HBase 配置文件 conf/hbase-env.sh 中配置 JAVA_HOME。这里仍使用第 2 章中已经安装好的 JDK，JAVA_HOME 为/etc/alternatives/jre_1.7.0_openjdk，在 hbase-env.sh 中找到如下行：

export JAVA_HOME=/usr/java/jdk1.6.0/

将其修改为：

export JAVA_HOME=/etc/alternatives/jre_1.7.0_openjdk

（3）在 HBase 配置文件 conf/hbase-site.xml 中增加如下内容，配置 HBase 和 ZooKeeper 用于写数据的目录，因为是单节点部署，应配置为本地文件系统目录，该目录如不存在，Hbase 会自动创建。配置示例如下：

```
<configuration>
  <property>
    <name>hbase.rootdir</name>
    <value>file:///data/hbase</value>
  </property>
  <property>
```

```
    <name>hbase.zookeeper.property.dataDir</name>
    <value>/data/zookeeper</value>
  </property>
</configuration>
```

在下面步骤（4）中，HBase 启动之后会自动创建目录/data/hbase 和/data/zookeeper。如果没有在配置文件中指定 hbase.rootdir，其默认值为 file:///tmp/hbase-${user.name}/hbase。由于一般在操作系统重启后/tmp 目录内容会被自动清除，所以不要使用默认配置。

（4）至此 HBase 单节点部署完毕，可执行脚本 bin/start-hbase.sh 启动 HBase，启动后可以通过 jps 命令查看 HBase 是否启动成功，如启动成功会显示 HMaster 进程。start-hbase.sh 脚本和 jps 命令的执行结果如图 3-3 所示。

```
[root@client hbase-1.2.4]# bin/start-hbase.sh
starting master, logging to /root/hbase-1.2.4/bin/../logs/hba
se-root-master-client.out
[root@client hbase-1.2.4]# jps
6974 HMaster
8021 Jps
[root@client hbase-1.2.4]#
```

图 3-3 单节点部署启动 HBase

HBase 安装好之后也可以访问网址 http://<host>:16010 来查看其状态，其中<host>为安装 HBase 的服务器名，需要通过 DNS 进行解析或将其替换为 IP 地址。Web 页面上显示 HBase 的运行状况，如图 3-4 所示。

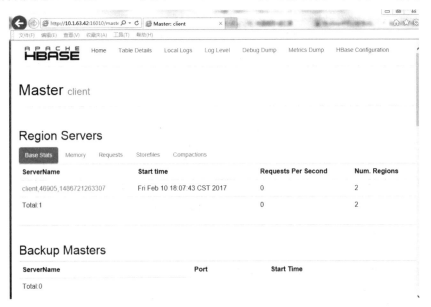

图 3-4 HBase 单节点部署 Web 页面

可以通过 bin/hbase shell 命令进入 HBase Shell 进行建表、插入数据、查询数据等各种数据库操作，HBase Shell 的具体命令格式将在 3.4 节介绍。

执行脚本 bin/stop-hbase.sh 可停止 HBase，结果如图 3-5 所示。

```
[root@client hbase-1.2.4]# bin/stop-hbase.sh
stopping hbase..................
[root@client hbase-1.2.4]#
```

图 3-5　停止 HBase

3.2.3　伪分布式部署

在单节点部署时 HBase 的所有功能都是在一个 JVM 进程实例中完成的，伪分布式部署是指 HBase 虽然还是仅安装在一台服务器上，但启动了多个守护进程，分别承担不同的功能角色：HMaster、HRegionServer 和 ZooKeeper。默认状况下 HMaster、HRegionServer、ZooKeeper 各有一个进程在运行。

在伪分布式部署时，可以使用服务器的本地文件系统存储 HBase 数据，也可以用 HDFS 存储数据。假定已经按 3.2.2 节中的方法完成了 HBase 的单节点部署，并且该节点也是 Hadoop 集群的主节点，端口号为 8020，下面给出将 HBase 单节点部署改为伪分布式部署并改用 HDFS 存储数据的具体步骤：

（1）停止 HBase。

执行脚本 bin/stop-hbase.sh，停止 HBase 运行。注意由于下面要更改 HBase 的目录到 HDFS 上，原来在单节点 HBase 上创建的数据库将会丢失。

（2）修改配置。

在 HBase 配置文件 conf/hbase-site.xml 中增加 hbase.cluster.distributed 配置项并修改 hbase.rootdir 的配置值为 HDFS 目录，示例如下：

```xml
<property>
  <name>hbase.cluster.distributed</name>
  <value>true</value>
</property>
<property>
  <name>hbase.rootdir</name>
  <value>hdfs://localhost:8020/hbase</value>
</property>
```

hbase.cluster.distributed 配置为 true 表示 Hbase 以分布式模式运行，

hdfs://localhost:8020/hbase 表示 HDFS 运行在本机的 8020 端口,当 Hbase 启动后会自动在 HDFS 中创建目录/hbase,请不要手动创建该目录。

(3) 启动 HBase。

假设 Hadoop 已经启动,那么 Hbase 的启动和单节点部署时一样,执行脚本 bin/start-hbase.sh 来启动 Hbase,启动成功后执行 jps 命令可以看到 HMaster 进程和 HRegionServer 进程,如图 3-6 所示。

```
[root@client hbase-1.2.4]# bin/start-hbase.sh
localhost: starting zookeeper, logging to /root/hbase-1.2.4/b
in/../logs/hbase-root-zookeeper-client.out
starting master, logging to /root/hbase-1.2.4/bin/../logs/hba
se-root-master-client.out
starting regionserver, logging to /root/hbase-1.2.4/bin/../lo
gs/hbase-root-1-regionserver-client.out
[root@client hbase-1.2.4]# jps
16321 SecondaryNameNode
16098 DataNode
16932 HQuorumPeer
17042 HMaster
17561 Jps
15942 NameNode
17241 HRegionServer
[root@client hbase-1.2.4]#
```

图 3-6 伪分布式部署启动 Hbase

(4) 检查 HBase 目录。

HBase 第一次启动时会在 HDFS 中创建目录,按照前面的配置应该创建/hbase 目录,下面用 Hadoop 的 fs 命令查看/hbase 下有哪些内容,如图 3-7 所示。

```
[root@client hbase-1.2.4]# hadoop fs -ls /hbase
17/08/12 23:18:01 WARN util.NativeCodeLoader: Unable to load native-hadoop libra
ry for your platform... using builtin-java classes where applicable
Found 7 items
drwxr-xr-x   - root supergroup          0 2017-08-12 23:15 /hbase/.tmp
drwxr-xr-x   - root supergroup          0 2017-08-12 23:15 /hbase/MasterProcWALs
drwxr-xr-x   - root supergroup          0 2017-08-12 23:14 /hbase/WALs
drwxr-xr-x   - root supergroup          0 2017-08-12 23:15 /hbase/data
-rw-r--r--   1 root supergroup         42 2017-08-12 23:14 /hbase/hbase.id
-rw-r--r--   1 root supergroup          7 2017-08-12 23:14 /hbase/hbase.version
drwxr-xr-x   - root supergroup          0 2017-08-12 23:14 /hbase/oldWALs
[root@client hbase-1.2.4]#
```

图 3-7 查看 HDFS 中/hbase 目录内容

(5) 启动和停止备用 HMaster。

因为伪分布式部署时备用 HMaster 和主 HMaster 在同一台服务器上,启动备用 HMaster 并没有实际意义,但可以方便学习和测试。通过 bin/local-master-backup.sh 脚本即可启动多个备用 HMaster,命令示例如下：

```
[root@client hbase-1.2.4]# bin/local-master-backup.sh start 1 4 9
```

上述命令启动了三个备用 HMaster，相对于主 HMaster 端口号的偏移量分别是 1、4、9。每个 HMaster 需要使用 3 个端口，默认的主 HMaster 端口号是 16010、16020 和 16030，因此上述命令启动的三个备用 HMaster 分别使用以下三组端口号：16011/16021/16031、16014/16024/16034、16019/16029/16039。端口号偏移量的范围为 1~9，所以最多可以启动 9 个备用 HMaster。访问 Web 页面 http://<host>:16010 可以看到有三个 Backup Masters。

停止备用 HMaster 仍然通过 bin/local-master-backup.sh 脚本来操作，以下命令即可停止端口号偏移量为 4 和 9 的两个备用 HMaster：

```
[root@client hbase-1.2.4]# bin/local-master-backup.sh stop 4 9
```

（6）启动和停止更多 HRegionServers。

通常在 HBase 集群的一个节点上仅运行一个 HRegionServer，但在伪分布部署时可以在一个节点上启动多个 HRegionServer 来模拟集群环境进行测试。通过 bin/local-regionservers.sh 脚本来启动额外的 HRegionServer，示例如下：

```
[root@client hbase-1.2.4]# bin/local-regionservers.sh start 2 3 4
```

上述命令启动了三个额外的 HRegionServer，其端口号偏移量分别是 2、3、4。每个 HRegionServer 需要使用两个端口，端口偏移量参数是相对于端口 16200 和 16300 的偏移量，默认启动的 HRegionServer 使用的端口号是 16201 和 16301，只要端口号未被使用，就可以用于启动新的 HRegionServer。上述命令启动的 HRegionServer 分别使用以下三组端口号：16202/16302、16203/16303、16204/16304。

通过 bin/local-master-backup.sh 也可以停止 HRegionServer，以下命令停止端口号偏移量为 2 和 3 的两个 HRegionServer：

```
[root@client hbase-1.2.4]# bin/local-regionservers.sh stop 2 3
```

部署完毕后，即可进入 HBase Shell 进行各种数据库操作，HBase Shell 的具体命令格式将在 3.4 节中介绍。

3.2.4 集群部署

在生产系统中需要将 HBase 部署在多台服务器节点组成的分布式

集群环境中，每台节点上运行一个或多个 HBase 守护进程，但一般同类型的进程每台节点上只运行一个。整个集群包括一个主 HMaster 进程、多个备用 HMaster 进程、若干个 ZooKeeper 进程和若干个 HRegionServer 进程。

下面以 4 台 Linux 虚拟机 master、slave1、slave2、slave3 组成的集群为例介绍 HBase 的集群部署步骤，这四台节点之间必须能通过网络访问并且没有设置任何软硬件防火墙，满足 3.2.1 节中列出的对 HBase 集群运行环境的基本要求。例如必须先部署好 Hadoop 集群，假设 master 服务器是 Hadoop 集群的主节点（NameNode），端口号是 8020，slave1、slave2、slave3 是 Hadoop 集群的 DataNode 等。这 4 台节点的部署计划如表 3-3 所示。

表 3-3 HBase 集群部署架构示例

节点类型 机器名称	HMaster	HRegionServer	ZooKeeper
master	主	否	是
slave1	备用	是	否
slave2	否	是	是
slave3	否	是	是

HBase 在该集群上的部署按照以下几大步骤进行。

1. 建立 ssh 免密码访问

第 2 章中已具体介绍建立 ssh 免密码访问的方法，在此不再赘述。

集群的四个节点中任一节点都要建立和其他三个节点以及其自身之间的免密码访问，否则集群启动、停止等很多脚本将不能正常执行。例如 master 要建立和 master 自身以及 slave1、slave2、slave3 之间的免密码访问。

2. 部署 master

按照规划，master 服务器上要部署主 HMaster 进程和 ZooKeeper 进程，但不运行 HRegionServer 进程，步骤如下：

（1）安装 HBase。

按照 3.2.3 节中列出的步骤在 master 上进行 HBase 的伪分布式部署，但配置文件 conf/hbase-site.xml 中的配置内容应作如下改动：

```
<configuration>
  <property>
    <name>hbase.cluster.distributed</name>
```

```
    <value>true</value>
  </property>
  <property>
    <name>hbase.rootdir</name>
    <value>hdfs://master:8020/hbase</value>
  </property>
</configuration>
```

与 3.2.3 节中相比，应将 hdfs://localhost:8020/hbase 更改为 hdfs://master:8020/hbase，这是因为整个集群的每台服务器上都需要使用该配置文件。注意为了能按照机器名访问服务器，需要在每台服务器的/etc/hosts 文件中给出 master、slave1、slave2、slave3 所对应的 IP 地址，下文中不再赘述。

在 master 上安装好 HBase 后不要启动，如果已经启动 HBase，则将其停止。

（2）配置 HRegionServer。

修改配置文件 conf/regionservers，该文件配置了在哪些服务器上运行 HRegionServer 进程，原有内容是 localhost，将其改为如下内容：

```
slave1
slave2
slave3
```

即使仍然希望在 master 上运行 HRegionServer，也需要将配置文件中的 localhost 更改为 master，因为这是整个集群，每台服务器上都需要使用的配置文件。

（3）配置备用 HMaster。

创建配置文件 conf/backup-masters，该配置文件配置了哪些服务器上运行备用 HMaster，编辑文件内容如下：

```
slave1
```

（4）配置 ZooKeeper。

修改配置文件 conf/hbase-site.xml，在<configuration>中增加如下配置：

```
<property>
  <name>hbase.zookeeper.quorum</name>
  <value>master,slave2,slave3</value>
</property>
<property>
  <name>hbase.zookeeper.property.dataDir</name>
  <value>/data/zookeeper</value>
</property>
```

上述配置表示在 master、slave2 和 slave3 上运行 HBase 安装包自带的 ZooKeeper 实例，ZooKeeper 的数据目录为/data/zookeeper，该目录将在 HBase 启动时自动创建，但启动 HBase 的用户必须有/data 目录的操作权限。注意在<value></value>中的配置值不能有空格。

3. 部署 slave1、slave2、slave3

按照规划，slave1 上要运行备用 HMaster 进程和 HRegionServer 进程，slave2 和 slave3 上要运行 HRegionServer 进程和 ZooKeeper 进程，虽然运行的进程有区别，但其完全是通过配置文件来定义的，它们的部署方法都一样，步骤如下：

（1）下载解压 HBase 安装包。

按照 3.2.2 节中的步骤下载 HBase 安装包并解压到相应目录。

（2）复制配置文件。

将 master 上 conf/目录下的所有配置文件复制到 slave1、slave2 和 slave3 的 conf/目录下，覆盖同名文件。可通过 scp 命令进行复制，示例如下：

```
[root@master hbase-1.2.4]# scp -r conf root@slave1:/usr/local/hbase-1.2.4/
```

4. 启动、测试 HBase 集群

至此已经部署完毕，可以启动 HBase 集群进行测试了。可以按如下步骤启动和测试 HBase 集群：

（1）在每个节点上执行 jps 命令确保都没有启动 HBase 进程，如果发现有 HMaster、HRegionServer 或 HQuorumPeer 进程，用 kill 命令杀掉它们。

（2）在 master 上执行 bin/start-hbase.sh 脚本来启动集群。该脚本执行后集群中每个节点都会按照配置启动相应的进程，执行结果如图 3-8 所示。

ZooKeeper 最先启动，然后启动 HMaster，接着启动 HRegionServer，最后启动备用 HMaster。

（3）检查每个节点上的进程是否启动。在每个节点上执行 jps 命令检查启动的进程，master 上应该有 HMaster 和 HQuorumPeer 进程，slave1 上应该有 HRegionServer 和 HMaster 进程，slave2 和 slave3 上应该有 HRegionServer 和 HQuorumPeer 进程。注意如果使用 HBase 安装包中自带的 ZooKeeper，则其进程名为 HQuorumPeer，而如果使用独立安装的 ZooKeeper，则其进程名为 QuorumPeer。

```
[root@master hbase-1.2.4]# bin/start-hbase.sh
master: starting zookeeper, logging to /root/hbase-1.2.4/bin/
../logs/hbase-root-zookeeper-master.out
slave3: starting zookeeper, logging to /root/hbase-1.2.4/bin/
../logs/hbase-root-zookeeper-slave3.out
slave2: starting zookeeper, logging to /root/hbase-1.2.4/bin/
../logs/hbase-root-zookeeper-slave2.out
starting master, logging to /root/hbase-1.2.4/logs/hbase-root
-master-master.out
slave1: starting regionserver, logging to /root/hbase-1.2.4/b
in/../logs/hbase-root-regionserver-slave1.out
slave3: starting regionserver, logging to /root/hbase-1.2.4/b
in/../logs/hbase-root-regionserver-slave3.out
slave2: starting regionserver, logging to /root/hbase-1.2.4/b
in/../logs/hbase-root-regionserver-slave2.out
slave1: starting master, logging to /root/hbase-1.2.4/bin/../
logs/hbase-root-master-slave1.out
[root@master hbase-1.2.4]#
```

图 3-8　集群部署启动 HBase

（4）检查 Web 界面。启动成功之后，可以访问网址 http://master:16010 来查看 HBase 集群状态，注意需要通过 hosts 文件将 master 解析为 IP 地址。

（5）模拟故障测试。可以发现上面 HBase 集群部署方案中每类节点都至少在两台服务器上部署，这是为了避免单点故障。在实际生产环境中还可以部署更多的备用 HMaster 节点、ZooKeeper 节点和 HRegionServer 节点，从而有更高的可用性。现在，可以模拟某个节点出故障的情况，例如杀掉（kill）master 上的 HMaster 进程，这时候 http://master:16010 无法访问了，但访问 http://slave1:16010 会发现 slave1 上的备用 HMaster 进程已经升级为主 HMaster，HBase 集群依然正常工作。同样，杀掉（kill）一个 HRegionServer 进程也不影响整个集群。

杀掉（kill）master 上的 HMaster 进程后，可以通过执行 bin/hbase-daemon.sh 脚本再启动 HMaster 进程，但启动后其将作为备用 HMaster。命令格式如下：

```
[root@master hbase-1.2.4]# bin/hbase-daemon.sh start master
```

3.2.5　版本升级

HBase 版本号从 1.0.0 开始采用语义化版本（Semantic Versioning）规范，版本号的格式为：主版本号.小版本号.补丁版本号，其含义如下。

- ❏ 主版本号：当包含了不兼容的 API 修改时需增加主版本号。
- ❏ 小版本号：当添加了向后兼容的功能时增加小版本号。

- 补丁版本号：当包含了向后兼容的错误修正时增加补丁版本号。
- 为预发布或开发管理等目的，还可以在补丁版本号后面增加更多层级编号。例如前面部署的 HBase 版本号为 1.2.4，其主版本号是 1，小版本号是 2，补丁版本号是 4。

HBase 的版本升级有三种情况：主版本升级、小版本升级和补丁版本升级，它们对其上运行的应用程序有不同的影响，总结如下：

- 补丁版本升级对应用程序无影响，可以安全升级。
- 小版本升级不需要应用程序和客户端改动程序代码，但如果升级时更新了 HBase 库中的.jar 文件，而程序代码又依赖于改动过的.jar 文件，则需要对代码用新的.jar 文件进行重新编译。
- 主版本升级不能保证 API 兼容性，一般来说应用程序代码需要针对新的 HBase 版本进行测试修改，应谨慎进行。

如果对 HBase 集群进行主版本升级，需要先将整个集群停掉，然后在每台服务器上安装新版本 HBase 并进行配置，最后再启动新版本的 HBase 集群。对 HBase 集群的小版本或补丁版本升级，由于保持了协议兼容性，可以不停掉集群，以滚动升级（Rolling Upgrade）的方式进行。简单地说，滚动升级是指每台服务器依次升级：先停掉一台服务器上的 HBase 进程，升级软件后再启动该节点，再依次升级其他服务器。一般是先升级 HMaster 服务器节点，再升级 HRegionServer 服务器节点。下面以从 HBase 1.1.2 版本升级到 HBase 1.2.4 版本为例介绍滚动升级的具体步骤。

（1）下载解压 HBase 1.2.4 安装包，在每台服务器上解压到新的目录，假设目录为/usr/local/hbase-1.2.4。

（2）修改/usr/local/hbase-1.2.4/conf 下的配置文件，将 1.1.2 版本的配置文件中的内容复制到 1.2.4 版本的配置文件中。因为是在做版本升级，应沿用原来 HBase 1.1.2 下的配置。

（3）在/usr/local/hbase-1.2.4/bin 下执行滚动重启脚本 rolling-restart.sh，格式如下：

```
[root@master hbase-1.2.4]# HBASE_HOME=/usr/local/hbase-1.2.4 ./rolling-restart.sh --config /usr/local/hbase-1.2.4/conf
```

在命令前面设置了新的 HBASE_HOME 路径，所以在每个节点重启进程时将启动 1.2.4 版本的 HBase 进程。执行结果如图 3-9 所示。

可以看到该脚本首先停止 master 上的 HMaster 进程，停止 slave1 上的 HMaster 进程，然后在 master 上启动 1.2.4 版本的 HMaster 进程，在 slave1 上启动 1.2.4 版本的 HMaster 进程，接着停止 slave1 上的 HRegionServer 进程，启动 1.2.4 版本的 HRegionServer 进程，再依次重启 slave2 和 slave3 上的 HRegionServer 进程。访问 http://master:16010 也可以发现各节点版本号已经更改为 1.2.4。

```
[root@master bin]# HBASE_HOME=/usr/local/hbase-1.2.4 ./rollin
g-restart.sh --config /usr/local/hbase-1.2.4/conf
stopping master.
slave1: stopping master.
Waiting for Master ZNode /hbase/master to expireNode does not
 exist: /hbase/master

starting master, logging to /usr/local/hbase-1.2.4/logs/hbase
-root-master-master.out
slave1: starting master, logging to /usr/local/hbase-1.2.4/bi
n/../logs/hbase-root-master-slave1.out
Wait a minute for master to come up join cluster
Waiting for /hbase/region-in-transition to emptyslave1: stopp
ing regionserver....
slave1: starting regionserver, logging to /usr/local/hbase-1.
2.4/bin/../logs/hbase-root-regionserver-slave1.out
slave2: stopping regionserver........
slave2: starting regionserver, logging to /usr/local/hbase-1.
2.4/bin/../logs/hbase-root-regionserver-slave2.out
slave3: stopping regionserver........
slave3: starting regionserver, logging to /usr/local/hbase-1.
2.4/bin/../logs/hbase-root-regionserver-slave3.out
[root@master bin]#
```

图 3-9　滚动重启 HBase 集群

（4）升级完成，可删除原来 1.1.2 版本安装目录下的文件。

3.3　HBase 配置

3.3.1　配置文件

HBase 的所有配置文件都放在 conf/子目录下，包含如下 7 个配置文件。

1．hbase-site.xml

这是 HBase 最主要的配置文件，上一节中已经设置过一些 hbase-site.xml 中的主要配置项，如 hbase.cluster.distributed、hbase.rootdir 等，本节中还将介绍其他常用的配置项。没有在该配置文件中设置的配置项则使用默认值。

该配置文件必须是 xml 格式，建议使用能识别 xml 格式的编辑器来对其进行修改，便于确保其符合 xml 格式要求。也可以在修改后用

xmllint 命令来检查其是否符合 xml 格式要求，命令使用方法如下：

[root@master hbase-1.2.4]# **xmllint -noout hbase-site.xml**

2．hbase-env.sh

该配置文件设置了 HBase 运行所需的工作环境，如上节中设置过的 JAVA_HOME，此外还包括堆大小、垃圾回收配置等 Java 选项、HBase 的配置文件目录、日志目录、ssh 选项、pid 文件路径等其他环境设置。默认的配置文件中提供了很多注释，介绍各配置项的含义并指导用户应如何进行配置。注意在 Windows 系统下使用的配置文件名是 hbase-env.cmd。

3．backup-masters

上节介绍集群部署时创建过该配置文件，它列出了哪些服务器应启动备用 HMaster 进程。该配置文件为纯文本格式，每个服务器单独一行。如果找不到该配置文件或文件内容为空则不启动备用 HMaster。

4．regionservers

上节介绍集群部署时修改过该配置文件，它列出了哪些服务器启动 HRegionServer 进程。该配置文件为纯文本格式，每个服务器单独一行。默认时仅有一行 localhost，应改为需要启动 HRegionServer 的机器名或 IP 地址。

5．hbase-policy.xml

这是 PRC 服务器对客户端请求进行权限验证时使用的策略配置文件，仅当启用 HBase 安全管理（hbase.security.authorization 设置为 true）时才使用，已进行默认设置，一般不需要改动。

6．log4j.properties

这是 HBase 所使用的日志模块 log4j 的配置文件，已进行默认设置，一般不需要改动。

7．hadoop-metrics2-hbase.properties

该配置文件将 HBase 集群与 Hadoop 的 Metrics2 框架相关联，可用于实时收集 HBase 集群的各类监控信息。默认时该文件仅包含被注释掉的内容。Hadoop 的 Metrics2 框架不在本书讨论范围内。

注意上述 7 个 HBase 配置文件的路径和内容在每个节点上都必须

一致，因此在修改一个配置文件后，应立即将其复制到集群中的所有其他节点上，可以用 scp 命令来进行文件传输。除了少数动态配置之外，其他配置修改之后必须重启 HBase 集群才能生效。

3.3.2 主要配置项

HBase 的配置项比较多，但大多数配置项使用默认值即可。下面介绍 hbase-site.xml 文件中的一些主要配置项。

1. hbase.cluster.distributed

该参数配置了 HBase 是单节点运行模式还是分布式运行模式，默认值是 false。如果是分布式部署则应将其设置为 true。

2. hbase.tmp.dir

该参数配置了 HBase 节点在本地文件系统中的临时目录，默认值为${java.io.tmpdir}/hbase-${user.name}，在 Linux 系统中 java.io.tmpdir 默认是/tmp，如果以 root 用户登录启动 HBase，则该参数的默认值为/tmp/hbase-root。因为/tmp 目录在系统重启后会清空，应将该参数设置为其他永久目录。

3. hbase.rootdir

该参数配置了 HBase 保存文件的根目录，要注意该参数配置值中需要加上文件传输协议和网络访问地址作为前缀，如为本地文件系统则加上 file://前缀，如为 HDFS 则加上 hdfs://<HDFS name node>:<port number>作为前缀，可参见 3.2 节中的配置示例。其默认值为${hbase.tmp.dir}/hbase，即参数 hbase.tmp.dir 配置值的 hbase 子目录，一般应对该参数进行设置而不使用默认值。注意一旦更改该配置值，HBase 重启生效后原来的数据会丢失，相当于一个没有任何数据的新系统，应谨慎修改。

4. hbase.fs.tmp.dir

该参数配置了 HBase 集群在 HDFS 文件系统中保存临时数据的中转目录，默认值是/user/${user.name}/hbase-staging。该配置仅在分布式运行模式下使用，注意该参数和 hbase.rootdir 不同的是配置值不需要加 HDFS 的网络访问地址作为前缀，而是自动使用 hbase.rootdir 中的 HDFS 网络访问地址。

5. hbase.local.dir

该参数配置了 HBase 节点在本地文件系统中用于本地存储的目录，

默认值为${hbase.tmp.dir}/local，即参数 hbase.tmp.dir 配置值的 local 子目录。

6. hbase.zookeeper.quorum

该参数值配置了哪些服务器上运行 ZooKeeper 进程，配置值是以逗号分隔的服务器列表，参见 3.2 节中的配置示例。其默认值为 localhost，默认值可以在伪分布式部署时使用，在集群部署时则必须更改为计划运行 ZooKeeper 的服务器列表。如果 HBase 集群使用的是自带的 ZooKeeper，那么在启动、停止 HBase 集群时也会按照该配置值启动、停止相应服务器上的 HQuorumPeer 进程。客户端连接 HBase 集群时也是根据该配置值找到 ZooKeeper 服务器，然后连接到 HBase 集群的。

7. hbase.zookeeper.property.dataDir

该参数配置了 ZooKeeper 用于保存数据的目录，默认值为${hbase.tmp.dir}/zookeeper，即参数 hbase.tmp.dir 配置值为 zookeeper 子目录。

8. hbase.zookeeper.property.maxClientCnxns

该参数配置了每个 ZooKeeper 服务器允许接受的客户端并发连接数量，默认值为 300。可以根据可能的客户端并发连接数量来设置该参数，大多数情况下默认值已经够了。

9. zookeeper.session.timeout

该参数配置了 ZooKeeper 会话的超时时间，单位是毫秒，默认值是 90000，即 90s。该配置值有两个作用：一是在客户端连接 HBase 集群时 ZooKeeper 会话的超时时间；二是 HRegionServer 连接 ZooKeeper 时的最长超时时间。如果 ZooKeeper 是单独部署的，那么在 ZooKeeper 的配置中有一个参数 maxSessionTimeout 也设置了会话最长超时时间，HRegionServer 连接 ZooKeeper 的实际会话超时时间以这两个配置值中较小的一个为准，例如在 HBase 中该参数使用了默认配置值 90s，而在单独安装的 ZooKeeper 中 maxSessionTimeout 的配置值为 40s，那么实际的会话超时时间为 40s。如果 ZooKeeper 是 HBase 自带的，那么实际会话超时时间即是该参数设置值。

10. hbase.master.port

该参数设置了 HMaster 进程绑定的端口号，默认值为 16000。

11．hbase.master.info.port

该参数设置了 HBase Master 的 Web 页面的端口号，默认值为 16010。

12．hbase.master.wait.on.regionservers.mintostart

该参数设置了 HBase 集群启动时 HMaster 在有多少个 HRegionServer 启动后开始分配任务，默认值为 1。当集群中 HRegionServer 很少时可以使用默认值，而当集群中有很多台 HRegionServer 时则应增大该配置值，因为大集群收到的客户端请求一般比较多，使用默认值可能会使很多任务都被分配给第一个启动的 HRegionServer，导致超出其合理负载。

13．hbase.regionserver.port

该参数设置了 HRegionServer 进程绑定的端口号，默认值为 16020。

14．hbase.regionserver.info.port

该参数设置了 HRegionServer 的 Web 页面的端口号，默认值为 16030。如果不想运行 HRegionServer 的 Web 页面则可将该参数设置为-1。

15．hbase.regionserver.handler.count

该参数配置了每台 HRegionServer 和 HMaster 上用于侦听响应客户端请求的线程数量，默认值为 30。该参数的配置值直接关系到集群的处理能力，如果平均每个客户端请求需要的系统资源比较小，则该配置值可以高一些，反之则应配置得低一些，目的是要保证服务器有足够的可分配内存维持节点健康运行。一般来说 gets 请求、小的 puts 请求、删除请求需要的内存比较少，而大的 puts 请求、需要大量缓冲的扫描请求则需要的内存比较多。可以通过查看高峰时服务器的内存使用情况来确定该配置值是否可以增大。

16．hbase.ipc.server.callqueue.handler.factor

该参数配置了每台 HRegionServer 和 HMaster 上对应于处理线程数的调用等待队列数量因子，范围在 0 到 1 之间，如果配置值为 0 表示所有处理线程共享一个调用等待队列，为 1 则表示每个处理线程都有自己的调用等待队列。默认值为 0.1，表示每 10 个处理线程共享一个调用等待队列，如 hbase.regionserver.handler.count 配置为默认值 30，则每个节点上有 3 个调用等待队列。

17．hbase.hregion.max.filesize

该参数定义了一个 HRegion 中所有 Hfile 文件的合计大小上限，默认值为 10737418240，即 10GB。当一个 HRegion 中的 Hfile 文件合计大小超过该配置值时，该 HRegion 将自动拆分成两个 HRegion。如果不希望进行 HRegion 的自动拆分，则可将该参数设置成一个非常大的值。

18．hbase.hregion.majorcompaction

该参数配置了 HRegion 数据自动进行周期性主压缩的间隔时间，单位是毫秒，默认值为 604800000，即 7 天。如该参数设置为 0，则不进行周期性主压缩，但基于文件大小的主压缩和手工执行的主压缩不受该参数影响。

要理解该参数，先要理解 HBase 中压缩的概念。每个 HRegion 由一个或多个 Store 组成，每个 Store 保存表中一个列族的数据，由一个 MemStore 和若干个 StoreFile 组成，经过一段时间，StoreFile 数量会越来越多，压缩操作则是将一些 StoreFile 合并为一个，从而提升读性能。压缩操作分为主压缩和微压缩两种：微压缩仅挑选几个小的 StoreFile 并将它们合并为一个大文件，而不清除其中带删除标志的数据和过期版本数据；主压缩则将每个 Store 里面的所有 StoreFile 合并为一个文件，并且清除掉带删除标志的数据和过期版本数据。由此可见压缩对 HBase 集群非常重要，如果不进行压缩，没用的垃圾数据得不到清理，表数据都保存在数量众多的小文件中，性能会受到影响。

注意周期性主压缩并不是严格按照该参数配置的时间间隔来执行的，而是在该时间间隔前后一定范围内随机执行的，范围大小为该参数值乘以参数 hbase.hregion.majorcompaction.jitter 的配置值。如果希望固定在某个空闲时间点执行主压缩操作，可以将该参数设置为 0，也可通过 cron job 等方法来设定时间定期执行压缩操作。

19．hbase.hregion.majorcompaction.jitter

该参数配置了随机执行周期性主压缩操作的前后时间范围，默认值为 0.5，如果 hbase.hregion.majorcompaction 是默认配置 7 天的话，则表示在前次周期性主压缩操作 7 天后的前后各 3.5 天的时间范围内随机选择一个时间点执行下一次主压缩操作。如果希望每两次主压缩操作的时间间隔都比较固定，则可将该参数设置得比较小。

20．hbase.hregion.memstore.flush.size

该参数配置了 Store 中的 MemStore 达到多大时会存入磁盘生成 StoreFile，默认值为 134217728，即 128MB。

21. hbase.regionserver.global.memstore.size

该参数配置了 HRegionServer 中所有 MemStore 合计大小的上限，按照堆内存的百分比计算，如果达到上限，则暂停该 HRegionServer 上的所有更新操作，强制将 MemStore 写入磁盘，直到 MemStore 合计大小低于 hbase.regionserver.global.memstore.size.lower.limit 配置值时再恢复正常更新。默认值为 0.4，即上限为堆内存的 40%。堆内存是 Java 运行时用-Xmx 选项指定的，可在 hbase-env.sh 中设置参数 HBASE_HEAPSIZE 来指定堆内存大小。

22. hfile.block.cache.size

该参数配置了最多使用堆内存的百分之多少作为 StoreFile 块缓存的百分比，默认值为 0.4，即上限为堆内存的 40%。该参数不能配置为 0，至少应留一定的比例用于将 StoreFile 的索引放入缓存中。该参数和上一参数 hbase.regionserver.global.memstore.size 的默认配置都是堆内存的 40%，两者合计为堆内存的 80%，当对这两个参数进行配置时，要注意两者合计一般不应超过 0.8。

23. hbase.balancer.period

该参数配置了 HMaster 运行 HRegion 均衡器的周期，单位是毫秒，默认值为 300000，即 HMaster 每隔 5min 执行一次 HRegion 均衡器。HRegion 均衡器检查各个 HRegionServer 的负载并在 HRegionServer 之间移动 HRegion 以达到负载均衡。

24. hbase.client.write.buffer

该参数配置了 HBase 服务器端和客户端写入数据库缓冲区的大小，默认值为 2097152，即 2M。设置较大的写缓冲区可以减少 RPC 请求数量，加快写入速度，但需要消耗更多内存，特别是在服务器端每个侦听线程都有一个独立的写缓冲区，因此合计需要的内存大小为 hbase.client.write.buffer 和 hbase.regionserver.handler.count 这两个参数配置值的乘积。

25. hbase.security.authentication

该参数配置了是否启用 HBase 客户端安全认证，默认值为 simple，表示不进行安全认证，可以设置为 Kerberos，表示采用 Kerberos 安全认证。

3.3.3 配置建议

虽然 HBase 的大多数配置项使用默认值即可，但在生产环境中有一些参数是必须或应该进行显式配置的。下面给出 hbase-site.xml 和 hbase-env.sh 中的主要配置示例。

1. hbase-site.xml

生产环境的 hbase-site.xml 文件必须要配置以下参数：

- hbase.cluster.distributed
- hbase.tmp.dir
- hbase.rootdir
- hbase.zookeeper.quorum

生产环境的 hbase-site.xml 文件还建议配置以下参数，当然实际配置的参数不限于此：

- hbase.zookeeper.property.dataDir
- hbase.master.wait.on.regionservers.mintostart
- hbase.regionserver.handler.count
- hbase.hregion.majorcompaction
- hbase.hregion.majorcompaction.jitter
- hbase.regionserver.global.memstore.size
- hfile.block.cache.size
- hbase.client.write.buffer

下面是对上述参数进行配置的 hbase-site.xml 示例：

```xml
<?xml version="1.0"?>
<?xml-stylesheet type="text/xsl" href="configuration.xsl"?>
<configuration>
  <property>
    <name>hbase.cluster.distributed</name>
    <value>true</value>
  </property>
  <property>
    <name>hbase.rootdir</name>
    <value>hdfs://master:8020/hbase</value>
  </property>
  <property>
    <name>hbase.tmp.dir</name>
    <value>/usr/local/hbase</value>
  </property>
  <property>
    <name>hbase.zookeeper.quorum</name>
    <value>master,slave2,slave3</value>
  </property>
```

```xml
<property>
    <name>hbase.zookeeper.property.dataDir</name>
    <value>/usr/local/zookeeper</value>
</property>
<property>
    <name>hbase.master.wait.on.regionservers.mintostart</name>
    <value>2</value>
</property>
<property>
    <name>hbase.regionserver.handler.count</name>
    <value>50</value>
</property>
<property>
    <name>hbase.hregion.majorcompaction</name>
    <value>86400000</value>
</property>
<property>
    <name>hbase.hregion.majorcompaction.jitter</name>
    <value>0</value>
</property>
<property>
    <name>hbase.regionserver.global.memstore.size</name>
    <value>0.3</value>
</property>
<property>
    <name>hfile.block.cache.size</name>
    <value>0.5</value>
</property>
<property>
    <name>hbase.client.write.buffer</name>
    <value>4194304</value>
</property>
</configuration>
```

2. hbase-env.sh

在 hbase-env.sh 文件中需要配置 JAVA_HOME，并根据服务器内存情况来配置堆内存大小参数 HBASE_HEAPSIZE，另外默认时使用 HBase 自带的 ZooKeeper，如果 ZooKeeper 是独立部署的，需要在 hbase-env.sh 中将 HBASE_MANAGES_ZK 参数配置为 false，示例如下：

```
# The java implementation to use.  Java 1.7+ required.
export JAVA_HOME=/etc/alternatives/jre_1.7.0_openjdk

# The maximum amount of heap to use. Default is left to JVM default.
```

```
export HBASE_HEAPSIZE=8G

# Tell HBase whether it should manage it's own instance of Zookeeper or not.
export HBASE_MANAGES_ZK=false
```

3.3.4 客户端配置

在 HBase 集群的节点上可以直接通过 HBase Shell 连接到集群进行操作，而如果要从其他客户端连接 HBase 集群，则需要安装好 HBase 库文件并进行必要的客户端设置。

最简单的方法是在客户端中解压 HBase 安装包并将解压后的 lib/子目录和 conf/子目录加入到客户端的 CLASSPATH 环境变量中，lib/子目录包含了 HBase 的所有库文件，而 conf/子目录包含了 HBase 的客户端配置文件。客户端的设置也比较简单，只需要在 conf/hbase-site.xml 配置文件中设置好参数 hbase.zookeeper.quorum 即可，因为 ZooKeeper 中保存了 HBase 集群的位置信息，只要连接到 ZooKeeper 就可以获取所需要的其他信息，该参数的设置方法和服务器端相同。客户端 hbase-site.xml 的示例如下：

```xml
<?xml version="1.0"?>
<?xml-stylesheet type="text/xsl" href="configuration.xsl"?>
<configuration>
  <property>
    <name>hbase.zookeeper.quorum</name>
    <value>master,slave2,slave3</value>
  </property>
</configuration>
```

再次强调，hbase.zookeeper.quorum 配置值中不能包含空格，否则将无法连接到 ZooKeeper。

3.4 HBase Shell

使用 HBase 有两种常用方式，一种是通过 HBase Shell 直接进行数据库操作，另一种是通过 HBase 提供的 API 编程接口在程序中进行操作，目前 HBase 提供了 Java、C/C++、Scala、Python 等多种语言的编程接口。本节介绍 HBase Shell 的常用命令以及交互式和非交互式两种运行模式。

3.4.1 交互模式

在 HBase 安装目录的 bin 子目录下执行 hbase shell 命令即可进入 HBase Shell 交互模式进行数据库操作，结果如下：

```
[root@client bin]# ./hbase shell
HBase Shell; enter 'help<RETURN>' for list of supported commands.
Type "exit<RETURN>" to leave the HBase Shell
Version 1.2.4, r67592f3d062743907f8c5ae00dbbe1ae4f69e5af, Tue Oct 25 18:10:20 CDT 2016

hbase(main):001:0>
```

在 HBase Shell 提示符下执行 help 命令可列出所有命令列表，可以注意到这些命令都是小写字母。执行 help '<command>' 可显示针对某条命令的帮助信息，注意<command>前后要加单引号或双引号，例如执行 help 'status'即可显示 status 命令的用法：

```
hbase(main):002:0> help 'status'
Show cluster status. Can be 'summary', 'simple', 'detailed', or 'replication'. The default is 'summary'. Examples:

  hbase> status
  hbase> status 'simple'
  hbase> status 'summary'
  hbase> status 'detailed'
  hbase> status 'replication'
  hbase> status 'replication', 'source'
  hbase> status 'replication', 'sink'
hbase(main):003:0> [root@client bin]#
```

下面按照不同命令类别对 Hbase 的常用命令分别加以介绍。

1．DDL 命令

DDL 命令主要包括表的创建、修改、停用、启用、删除、结构和状态查看等命令。

（1）create

create 命令将创建一张新表，后面带由逗号分隔的多个参数，有长格式和短格式两种写法，示例如下：

```
hbase(main):021:0> create 't1', {NAME => 'f1'}, {NAME => 'f2'}, {NAME => 'f3'}
0 row(s) in 2.3460 seconds
```

```
=> Hbase::Table - t1
hbase(main):022:0> create 't2', 'f1', 'f2', 'f3'
0 row(s) in 4.3770 seconds

=> Hbase::Table - t2
hbase(main):023:0>
```

上述两条命令使用两种不同的命令格式在默认命名空间 default 中分别创建表 t1 和 t2，它们都有三个列族 f1、f2、f3。create 后面的每个参数由逗号分隔，其中第一个参数是表名，其后是列族，最后是表属性定义，其中表名和第一个列族是必需的，其他都是可选的。注意表名和列族名都要加上单引号或双引号，NAME 必须大写。

（2）list

list 命令不加选项则列出所有表，也可以加上对表名进行过滤的正则表达式选项，使用.和*作为通配符，.匹配一个任意字符，*表示其前面字符可以有 0 个或任意多个，因此.*则匹配 0 个或多个任意字符，示例如下：

```
hbase(main):087:0> list
TABLE
t1
t2
2 row(s) in 0.0100 seconds

=> ["t1", "t2"]
hbase(main):088:0> list 't.*'
TABLE
t1
t2
2 row(s) in 0.0120 seconds

=> ["t1", "t2"]
hbase(main):089:0>
```

（3）exists

exists 命令查看某张表是否存在，示例如下：

```
hbase(main):090:0> exists 't1'
Table t1 does exist
0 row(s) in 0.0310 seconds

hbase(main):091:0>
```

（4）describe

describe 命令显示某张表的定义，也可以使用简写命令 desc，示例如下：

```
hbase(main):093:0> desc 't1'
Table t1 is ENABLED
t1
COLUMN FAMILIES DESCRIPTION
{NAME => 'f1', DATA_BLOCK_ENCODING => 'NONE', BLOOMFILTER => '
ROW', REPLICATION_SCOPE => '0', VERSIONS => '1', COMPRESSION =
> 'NONE', MIN_VERSIONS => '0', TTL => 'FOREVER', KEEP_DELETED_
CELLS => 'FALSE', BLOCKSIZE => '65536', IN_MEMORY => 'false',
BLOCKCACHE => 'true'}
{NAME => 'f2', DATA_BLOCK_ENCODING => 'NONE', BLOOMFILTER => '
ROW', REPLICATION_SCOPE => '0', VERSIONS => '1', COMPRESSION =
> 'NONE', MIN_VERSIONS => '0', TTL => 'FOREVER', KEEP_DELETED_
CELLS => 'FALSE', BLOCKSIZE => '65536', IN_MEMORY => 'false',
BLOCKCACHE => 'true'}
{NAME => 'f3', DATA_BLOCK_ENCODING => 'NONE', BLOOMFILTER => '
ROW', REPLICATION_SCOPE => '0', VERSIONS => '1', COMPRESSION =
> 'NONE', MIN_VERSIONS => '0', TTL => 'FOREVER', KEEP_DELETED_
CELLS => 'FALSE', BLOCKSIZE => '65536', IN_MEMORY => 'false',
BLOCKCACHE => 'true'}
3 row(s) in 0.0320 seconds

hbase(main):094:0>
```

（5）disable

disable 命令停用某张表，表被停用后则无法再对其进行增删改和查询等操作。在对表执行 alter 命令或 drop 命令之前必须先执行 disable 命令停用，示例如下：

```
hbase(main):094:0> disable 't2'
0 row(s) in 4.9500 seconds

hbase(main):095:0>
```

（6）enable

enable 命令启用某张被 disable 命令停用的表，表被启用后即可恢复正常操作。示例如下：

```
hbase(main):095:0> enable 't2'
0 row(s) in 2.4810 seconds

hbase(main):096:0>
```

（7）alter

alter 命令可在某张表中增加、修改、删除列族或者更改表的属性定义，alter 命令的格式和 create 命令格式类似，下面是几个示例：

```
hbase(main):096:0> alter 't2', {NAME => 'f2', IN_MEMORY => true}, {NAME => 'f3', VERSIONS => 5}
Updating all regions with the new schema...
1/1 regions updated.
Done.
Updating all regions with the new schema...
1/1 regions updated.
Done.
0 row(s) in 5.7630 seconds

hbase(main):097:0>
```

上述命令修改表 t2 的列族属性，将列族 f2 数据保存在内存里，列族 f3 每个单元最多保存的版本数为 5（默认值为 1）。

```
hbase(main):097:0> alter 't2', NAME => 'f1', METHOD => 'delete'
Updating all regions with the new schema...
0/1 regions updated.
1/1 regions updated.
Done.
0 row(s) in 4.2360 seconds

hbase(main):098:0> alter 't2', 'delete' => 'f2'
Updating all regions with the new schema...
1/1 regions updated.
Done.
0 row(s) in 3.0040 seconds

hbase(main):099:0> [root@client bin]#
```

上述两条命令分别删除表 t2 中的列族 f1 和 f2。

```
hbase(main):011:0> alter 't1', { NAME => 'f1', VERSIONS => 5 }, MAX_FILESIZE => '134217728'
Updating all regions with the new schema...
1/1 regions updated.
Done.
Updating all regions with the new schema...
1/1 regions updated.
Done.
```

```
0 row(s) in 6.8430 seconds

hbase(main):012:0>
```

上述命令修改表 t1 的列族 f1，使每个单元最多保存的版本数为 5，同时修改表 t1 的属性 MAX_FILESIZE 为 128MB，即该表 HRegion 的最大值为 128MB。和 create 命令一样，如果一条 alter 命令同时要修改列族和表属性定义，则表属性定义应该放在命令的最后面。

```
hbase(main):014:0> alter 't1', METHOD => 'table_att_unset', NAME => 'MAX_FILESIZE'
Updating all regions with the new schema...
1/1 regions updated.
Done.
0 row(s) in 3.3190 seconds

hbase(main):014:0>
```

上述命令取消表 t1 的 MAX_FILESIZE 属性定义。

（8）drop

drop 命令删除某张表，在删除前必须先执行 disable 命令停用该表。示例如下：

```
hbase(main):018:0> drop 't2'
0 row(s) in 2.3700 seconds

hbase(main):019:0>
```

2. DML 命令

DML 命令主要包括表数据的插入、删除、查询等操作命令。

（1）put

put 命令向某张表里的指定单元插入数据，通过行键和列名来指定一个单元，命令格式示例如下：

```
hbase(main):016:0> put 't1', 'r1', 'f1:c1', 'value1'
0 row(s) in 0.0150 seconds

hbase(main):017:0> put 't1', 'r2', 'f1:c2', 'value2'
0 row(s) in 0.0160 seconds

hbase(main):018:0> put 't1', 'r3', 'f1:c3', 'value3'
0 row(s) in 0.0140 seconds
```

```
hbase(main):019:0> put 't1', 'r1', 'f2:c4', 'value4'
0 row(s) in 0.0120 seconds

hbase(main):020:0>
```

上述几条命令向表 t1 中的 4 个单元插入数据，共有 3 行，行键分别为 r1、r2、r3，列名也各不相同。

（2）scan

scan 命令查询某张表中满足条件的数据，可以在行、列、时间戳等多个维度上设定查询条件。下面是一些示例：

```
hbase(main):023:0> scan 't1'
ROW                COLUMN+CELL
 r1                column=f1:c1, timestamp=1488038266200, value=value1
 r1                column=f2:c4, timestamp=1488038612014, value=value4
 r2                column=f1:c2, timestamp=1488038513186, value=value2
 r3                column=f1:c3, timestamp=1488038526993, value=value3
3 row(s) in 0.0470 seconds

hbase(main):024:0>
```

上述命令查询表 t1 中的所有数据。

```
hbase(main):045:0> scan 't1', {COLUMNS => ['f1', 'f3'], LIMIT => 2, STARTROW => 'r1'}
ROW                COLUMN+CELL
 r1                column=f1:c1, timestamp=1488038266200, value=value1
 r2                column=f1:c2, timestamp=1488038513186, value=value2
2 row(s) in 0.0250 seconds

hbase(main):046:0>
```

上述命令查询表 t1 从行键 r1 开始的 2 行数据，包含列族 f1 和 f3 中的所有列。HBase 表中的各行是按照行键的字母顺序存放的。

```
hbase(main):001:0> scan 't1', {COLUMNS => ['f1'], TIMERANGE => [1488038266200,1488038520000], REVERSED => true }
ROW                     COLUMN+CELL
 r2                     column=f1:c2, timestamp=1488038513186, value=value2
 r1                     column=f1:c1, timestamp=1488038266200, value=value1
2 row(s) in 0.9850 seconds

hbase(main):002:0>
```

上述命令查询表 t1 时间戳在 1488038266200 和 1488038520000 之间的列族 f1 的所有数据，结果以行键的倒序排列。

（3）get

get 命令获取表中给定行符合条件的数据，第一个参数是表名，第二个参数是行键，示例如下：

```
hbase(main):008:0> get 't1', 'r1'
COLUMN                   CELL
 f1:c1                   timestamp=1488038266200, value=value1
 f2:c4                   timestamp=1488038612014, value=value4
2 row(s) in 0.0340 seconds

hbase(main):009:0> get 't1', 'r1', {FILTER => "ValueFilter(>=, 'binary:value4')"}
COLUMN                   CELL
 f2:c4                   timestamp=1488038612014, value=value4
1 row(s) in 0.0120 seconds

hbase(main):010:0>
```

上述第一条命令查询表 t1 中行键为 r1 的所有数据，第二条命令查询表 t1 中行键为 r1 且值大于等于 value4 的数据。

（4）count

count 命令查询某张表中的行数，默认时每 1000 行计一次数，计数间隔是可以在 count 命令中设置的，如下面的示例将计数间隔改为 2：

```
hbase(main):013:0> count 't1', INTERVAL => 2
Current count: 2, row: r2
3 row(s) in 0.0330 seconds

=> 3
hbase(main):014:0>
```

（5）delete

delete 命令删除某张表中指定单元的数据，通过表名、行键和列名指定一个单元，还可以加上时间戳，如果有时间戳选项则表示删除该单元该时间戳之前的所有版本数据，如果没有时间戳选项则表示删除该单元所有版本数据。示例如下：

```
hbase(main):086:0> delete 't1', 'r1', 'f1:c1'
0 row(s) in 0.0190 seconds

hbase(main):087:0>
```

3. 命名空间类命令

命名空间（namespace）是对表的逻辑分组，类似于关系数据库系统中的数据库概念。HBase 可以针对命名空间分配资源限额、指定 HRegionServer 子集、进行安全管理等。HBase 有以下两个默认的命名空间：

- hbase：系统命名空间，用于保存 HBase 的内部表，用户不应使用该命名空间。
- default：HBase 的默认命名空间，如果一张表没有指定命名空间，则自动属于 default 命名空间。我们前面的 DDL 和 DML 命令示例中的表都属于默认命名空间。

HBase 通过<命名空间>:<表标识符>的格式来表示一张表，例如 default:t1，如果表名中没有给出命名空间，则暗示该表属于 default 命名空间。

命名空间类命令包括命名空间的创建、修改、删除和查询等操作命令。

（1）create_namespace

create_namespace 命令创建一个命名空间，可以加上命名空间的配置选项，下面的命令示例创建命名空间 ns1，ns1 中最多只能有 5 张表：

```
hbase(main):002:0> create_namespace 'ns1',
{'hbase.namespace.quota. maxtables'=>'5'}
0 row(s) in 0.5100 seconds

hbase(main):003:0>
```

（2）alter_namespace

alter_namespace 命令修改某个命名空间的定义，下面的命令示例修改命名空间 ns1，使其最多只能有 20 个 HRegion：

```
hbase(main):011:0> alter_namespace 'ns1', {METHOD => 'set',
'hbase.namespace.quota.maxregions'=>'20'}
0 row(s) in 0.1640 seconds

hbase(main):012:0>
```

（3）describe_namespace

describe_namespace 命令显示命名空间的定义，示例如下：

```
hbase(main):006:0> describe_namespace 'ns1'
DESCRIPTION
```

```
{NAME => 'ns1', hbase.namespace.quota.maxregions => '20', hbase.namespace.
quota.maxtables => '5'}
1 row(s) in 0.0080 seconds

hbase(main):007:0>
```

（4）list_namespace

list_namespace 命令不加选项时列出所有的命名空间，也可以加上带有通配符的正则表达式选项。示例如下：

```
hbase(main):015:0> list_namespace
NAMESPACE
default
hbase
ns1
3 row(s) in 0.0280 seconds

hbase(main):016:0>
```

（5）list_namespace_tables

list_namespace_tables 命令列出某个命名空间中的所有表，示例如下：

```
hbase(main):023:0> list_namespace_tables 'default'
TABLE
t1
t2
2 row(s) in 0.0160 seconds

hbase(main):024:0>
```

（6）drop_namespace

drop_namespace 命令删除某个命名空间，只有当命名空间中没有任何表时该命令才能成功执行。示例如下：

```
hbase(main):030:0> drop_namespace 'ns1'
0 row(s) in 0.1750 seconds

hbase(main):031:0>
```

4．其他命令

其他命令包括配置类命令、安全类命令、限额类命令、工具类命令、复制类命令、快照类命令、过程类命令、可视化标签类命令及通用类命令等。

配置类命令对 HBase 集群参数配置值进行动态更新。大多数配置更改后必须重新启动 HBase 集群才能生效，也有一些参数配置可以动态更改，这些主要是与 HRegion 压缩、拆分相关的参数，更改后在 HBase Shell 中执行 update_all_config 命令，即在所有 HBase 节点上读取配置文件中这些动态参数的配置值，并更新到内存中生效。示例如下：

```
hbase(main):035:0> update_all_config
0 row(s) in 0.3710 seconds

hbase(main):036:0>
```

安全类命令将在 3.6 节中介绍，其他命令限于篇幅，不再一一介绍，通过 help 命令可以查看每个命令的作用和使用方法。

3.4.2 非交互模式

HBase Shell 还可以以非交互方式运行，加上 -n 或者 --noninteractive 选项即可不进入交互式环境，所执行命令可以通过输入重定向获取，示例如下：

```
[root@client bin]# echo "list_namespace_tables 'default'" | ./hbase shell -n
TABLE
t1
t2
2 row(s) in 0.4170 seconds

nil
[root@client bin]#
```

上述示例通过管道将 list_namespace_tables 'default' 作为 hbase shell –n 命令的输入，输出结果是 default 命名空间中的表。当然也可以将多条 HBase Shell 命令放入一个输入文件中一起执行，例如有如下输入文件 sample_cmd.txt：

```
create 't3', 'f1', 'f2', 'f3'
put 't3', 'r1', 'f1:a', 'value1'
put 't3', 'r2', 'f2:b', 'value2'
put 't3', 'r3', 'f3:c', 'value3'
scan 't3'
disable 't3'
drop 't3'
```

下面是将 sample_cmd.txt 作为输入文件的执行结果：

```
[root@client bin]# ./hbase shell -n < sample_cmd.txt
0 row(s) in 2.8080 seconds

Hbase::Table - t3
0 row(s) in 0.2110 seconds

nil
0 row(s) in 0.0210 seconds

nil
0 row(s) in 0.0190 seconds

nil
ROW                    COLUMN+CELL
 r1                    column=f1:a, timestamp=1488469944883, value=value1
 r2                    column=f2:b, timestamp=1488469944927, value=value2
 r3                    column=f3:c, timestamp=1488469944981, value=value3
3 row(s) in 0.0400 seconds

nil
0 row(s) in 8.4820 seconds

nil
0 row(s) in 2.3690 seconds

nil
[root@client bin]#
```

hbase 命令也可以直接以脚本文件作为其命令行参数来执行，将 sample_cmd.txt 作为命令行参数的执行结果如下：

```
[root@client bin]# ./hbase shell sample_cmd.txt
0 row(s) in 2.8100 seconds

0 row(s) in 0.2070 seconds

0 row(s) in 0.0160 seconds

0 row(s) in 0.0210 seconds

ROW                    COLUMN+CELL
 r1                    column=f1:a, timestamp=1488470399223, value=value1
 r2                    column=f2:b, timestamp=1488470399248, value=value2
 r3                    column=f3:c, timestamp=1488470399264, value=value3
3 row(s) in 0.0430 seconds
```

```
0 row(s) in 4.3830 seconds

0 row(s) in 2.3980 seconds

HBase Shell; enter 'help<RETURN>' for list of supported commands.
Type "exit<RETURN>" to leave the HBase Shell
Version  1.2.4,  r67592f3d062743907f8c5ae00dbbe1ae4f69e5af,  Tue  Oct  25
18:10:20 CDT 2016

hbase(main):001:0>
```

上述示例执行完 sample_cmd.txt 脚本之后进入 HBase Shell 交互环境。

3.5 HBase 模式设计

HBase 作为基于 HDFS 的分布式大数据处理系统，其模式设计不能套用或模仿传统关系型数据库的设计方式，而需要与其自身的特点相匹配，其性能的好坏主要取决于内部表的设计以及资源的分配是否合理，如行键、列族的设计以及数据存储等。

HBase 模式看起来很简单，但有很多可配置的属性，设计时需要充分考虑不同的配置值对数据写入和查询性能的影响，每张表的列族个数、列名的长短、每个单元存储多少个时间版本、行键的选取、存储方式、块大小等都会影响到系统性能。

3.5.1 设计准则

HBase 的运算速度涉及多种因素，而每个具体的系统都有不同的特点，模式设计不可能千篇一律，下面介绍一些比较通用的 HBase 模式设计准则。

1. 行键设计

HBase 中表的每个列族按照行键的字典顺序来存储数据，HRegion 也是根据行键范围来进行划分的，同一个 HRegion 中的行键是相邻的。行键一旦创建，就不可更改，由于表数据按照列族保存在不同的 Store 中，所以在每个列族里都会保存一份行键。行键的设计至关重要，既需要避免出现访问热点，即访问负载集中在少数几个 HRegion 上，也需要考虑表的不同访问模式，即对该表的访问是以读为主还是以写为主，要针对表的访问模式来选择合适的行键设计策略。

(1) 读访问模式

众所周知，通过索引访问数据可以提升查询效率，如果没有索引则只能通过全表扫描来查询数据，开销非常高。HBase 中唯一可用的索引只有行键索引，行键索引是系统自动创建的，可以通过行键定位到其在每个列族中的位置。因此需要对行键进行精心设计来尽可能地优化数据查询。

在进行范围查询时，除了希望能通过索引提升查询效率，还希望要查询的数据尽可能地集中在一起，从而减少 IO 和网络开销。而行键的设计决定了什么样的数据会放在一起，不同的行键设计对应着不同的数据存放顺序，需要我们在仔细权衡优劣之后慎重选择。

行键设计的棘手之处在于，它只能优化查询条件与行键相匹配的那些数据查询，对不匹配的数据查询则起不到作用或作用很小，无论怎样设计行键，都没法做到尽善尽美。因此在行键设计时必须有所取舍，通过对应用需求进行详细分析，找出实际应用中每张表上最关键最核心的查询条件，针对这些查询条件来设计行键，让它们在查询时能通过行键索引实现查询优化，提升效率。

例如对于系统日志数据，如果发现最常使用的查询是根据错误号来查询日志内容，则应将错误号作为行键的首列。

如果某项数据既可以放在行键中，也可以作为普通列存放，那么选择这两种方式的哪一种需要考虑：放在行键中会得到更好的查询性能，但是行键的长度变长，行键索引会占用更多的内存资源，由于行键在每个列族中保存，也会需要更多的磁盘空间。因此如何选择取决于提升性能和节省资源谁的优先级更高。

(2) 写访问模式

如果对一张表的访问是以写为主的，那么需要避免同一时间段里写入的数据集中在个别 HRegion 上形成热点。如果行键设计成比较常用的自增 ID 或者以时间戳开头的方式，那么必然导致因为行键相邻而使数据集中写入到同一个 HRegion 中，所以需要考虑如何将行键设计成按字典顺序随机均匀分布，从而将负载比较均衡地分摊到各个 HRegion 上。对此常用的行键设计策略有随机前缀、哈希前缀、反转键等。

❏ 随机前缀：即在原先彼此相邻的行键前面加上一个随机生成的前缀，不同前缀的数量可以和 HRegion 的数量一致，这样就可以将写负载比较均匀地分布到每个 HRegion 上。它的缺点是查询操作很不方便，因为前缀是随机生成的，所以在查询时无法通过行键来查询数据。

- 哈希前缀：针对随机前缀生成的行键具有不确定性的缺陷，哈希前缀对此做了改进，通过对原行键调用选定的哈希函数生成前缀。这样同样可以达到写负载均衡的目的，而且查询时也可以通过该哈希函数重新构造出完整的行键来进行查询。
- 反转键：将原先彼此相邻的行键按字节序反转生成新的行键，正常情况下反转之后行键的分散度就非常高了。反转键方法实现的成本很低，效果却很明显。

以上几种策略都会失去数据按特定行键顺序存放的特性，存储顺序变得没有规律可循，因而在进行范围查询时需要访问全部索引数据且需要有更多的磁盘 IO 操作，对性能影响很大。最理想的行键设计方法是既能让有关联的数据集中在一起存放，又能达到写负载均衡的目的，即同一时间段写入的数据行键比较分散。例如对于保存传感器数据的表来说，将行键设计为"传感器 id+时间戳"即可达到上述目的，不同的传感器传来的数据会被分散到不同的 HRegion 上存储，而当查询某个传感器某一时间段的数据时，又可以通过行键索引集中访问个别的 HRegion，实现非常好的查询性能。

（3）行键长度

行键的长度也需要综合权衡：一方面如果将更多的数据放入行键中，由于行键索引在内存中进行缓存，可以提升对这些数据的查询性能；另一方面，行键的长度越长，行键索引需要占用的内存就越多，从减少资源使用的角度出发，希望设计比较短的行键。比较常见的策略有以下几种：

- 设计有意义但尽可能短的行键。这种策略优先考虑节省系统资源。
- 在资源允许的情况下尽可能实现查询优化，只要行键长度不超出内存承受范围即可。这种策略优先考虑查询性能。
- 行键的设计仅考虑经常执行的关键查询优化。这种策略兼顾资源使用和查询性能。

另外，如果将行键设计为二进制字节型数据类型，则可以在不牺牲行键内容的情况下明显缩短行键长度，但这样做的缺点是行键的可读性变得很差，在进行交互查询时可能会看不懂行键的内容。

2. 列族划分

HBase 模式设计时对如何划分列族几乎没有限制，但其中却很有讲究，列族的不同设计对系统性能的影响很大。以下几点是列族设计的通用准则：

- 每张表的列族数能少则少，尽量不超过三个。因为Hbase的冲洗（flunshing）和压缩操作是基于HRegion的，当一个列族所存储的数据达到冲洗或压缩阈值时，该HRegion的其他列族也将同时进行冲洗和压缩，如果表的列族数量较多，将造成过于频繁的冲洗和压缩操作。
- 将有相同访问模式的所有数据存储在同一列族，不同访问模式的数据存储在不同列族，并在列族属性中定义好访问模式。
- 如果某些列数据经常被一起访问而不需要访问其他列的数据，可考虑将这些列划分为一个列族，但要注意表中的列族总数不超过3个。
- 列族和列的名字应尽量短，建议列族名用一个字母表示，列修饰符用少数几个字母表示，因为每个值中都要包括列名。和关系数据库中字段名要有可读性的设计准则不同，HBase中列名设计时以简短为原则，这是由二者数据存储方式的不同决定的。
- 为了提高读性能，可进行反规范化设计，即在多张表中储存冗余数据，但要注意冗余设计会对写性能有影响，也会增加应用程序的复杂度。
- HBase不支持跨行事务，所以在列族设计时要避免一个事务涉及多行数据。

3. 数据量估算和控制

在模式设计之前应对每张表及表中每一列数据的大小进行估算，以便在设计时配置合适的属性值。下面是与数据量相关的一些设计准则：

- 每个单元的大小最好不超过100KB，如果超过100KB应考虑使用MOB（Medium-sized Objects）文件存储，如果超过50MB则应考虑将数据保存在HDFS文件中，在HBase中仅保存文件的访问路径。
- 每个HRegion的大小最好在10GB～50GB之间。
- 每张表的HRegion数量以不超过100个为宜。
- 在创建表的时候预估数据量，据此预分配足够数量的HRegion，从而避免或减少日后对HRegion的拆分。
- 对于不需要长期保存的数据，通过设置合理的数据过期时间可以避免大量过期数据堆积占用系统资源、影响性能。
- 版本数量尽可能设置得小一些或使用默认值1。
- 如果表中存储的是基于时间的设备数据或日志信息，可将行键设计为设备 ID/服务 ID 加上时间。由于不需要对老数据进行修改，即使因为大量历史数据产生了很多 HRegeion，实际有写操作的 HRegion 也仅仅是最新的一小部分，这种情况下表操作性能不会因为数据量大而受影响，可以不考虑每张表的 HRegion 数量限制。

这些设计准则都可以通过列族属性和表属性的设置来实现，将在后面介绍。

4．内存需求估算和配置

在模式设计之前还应根据估算的数据量对内存需求进行估算，如果内存需求和 HBase 集群中所能实际提供的内存相差较大，则应未雨绸缪寻找解决办法，如对集群进行扩容升级、修改集群参数配置以扩大内存供给、模式设计时设法减少存储的数据量等。

内存需求的估算方式如下，集群的 hbase.hregion.memstore.flush.size 参数配置了每个 Store 中 MemStore 的大小，集群中所有 MemStore 合计所需的最大内存通过下列公式估算：

MemStore 大小 * HRegion 数量 * 每个 HRegion 中平均列族数

而集群参数 hbase.regionserver.global.memstore.size 配置了每个 HRegionServer 允许的所有 MemStore 合计大小上限，该配置值乘以 HRegionServer 数量即为整个集群为所有 MemStore 提供的合计内存大小。如果因为 HRegion 数量过大造成 MemStore 内存需求远大于实际内存供给，则会导致系统频繁地进行 MemStore 存盘操作而影响性能。

上述 MemStore 内存需求估算公式假设每个列族上都经常有写操作，如果仅仅部分列族有频繁的写操作，而其他列族以读操作为主，那么在计算 MemStore 所需要使用的内存时可以仅考虑需要经常进行写操作的列族。

3.5.2 列族属性

HBase 表的每个列族上都支持属性定义，可以在表创建时定义，也可以在表创建之后修改属性值，对未定义的属性则使用默认值。所有支持的列族属性都在类 org.apache.hadoop.hbase.HColumnDescriptor 中定义。下面介绍经常使用的列族属性。

1．BLOOMFILTER

该属性定义布隆过滤器类型。布隆过滤器将每个 HFile 中保存的数据按特定算法生成索引并在内存中缓存，目的是当用 get 命令获取数据时，可以通过索引确定哪些 HFile 中不可能存在目标数据，从而减少磁盘 IO、提升性能。布隆过滤器的特点是它给出否定结果时可以确保是正确的，而给出肯定结果时则不一定正确：目标数据可能在该 HFile 中存在但不保证一定存在。BLOOMFILTER 可选的属性值有 NONE、ROW 和 ROWCOL，默认为 ROW。各属性值的含义如下。

- NONE：表示不使用布隆过滤。
- ROW：表示使用基于行的布隆过滤，即生成 HFile 中所保存数据的行键信息，可以查询某行键是否在 HFile 中存在（当然答案为存在时不保证正确）。
- ROWCOL：表示使用基于行和列的布隆过滤，即生成 HFile 中所保存数据的行键+列族+列修饰符信息。显然该属性值需要占用更多内存，但当查询某一单元的值时与配置为 ROW 相比，该属性能提供更加准确的信息，减少更多的磁盘读。

2. COMPRESSION

该属性定义是否以压缩方式在磁盘上存储列族数据及压缩编码格式，可选的属性值有 NONE、GZ、LZ4、LZO 和 SNAPPY，默认为 NONE。各属性值的含义如下。

- NONE：表示不压缩。
- GZ：表示采用 GZ 压缩算法。
- LZ4：表示采用 LZ4 压缩算法，该算法在 Hadoop 库中提供。
- LZO：表示采用 LZO 压缩算法，由于版权问题，该算法库需由用户自行安装。
- SNAPPY：表示采用 SNAPPY 压缩算法，由于版权问题，该算法库需由用户自行安装。

需要注意该属性只定义数据在磁盘上的压缩存储，当数据在内存里（比如在 MemStore 里）或通过网络传输时都是不压缩的。在生产系统中一般建议采用压缩存储，与其他几种压缩算法相比，GZ 的压缩度比较高但需要消耗更多 CPU 资源。

3. DATA_BLOCK_ENCODING

该属性定义数据块编码格式，可减少对重复的键信息的存储来节省空间，可选的属性值有 NONE、PREFIX、DIFF、FAST_DIFF 和 PREFIX_TREE，默认值为 NONE。各属性值的含义如下。

- NONE：表示不使用压缩编码格式。

- ❑ PREFIX：表示使用前缀编码格式，如果本单元和上一单元键的前缀部分相同，则该部分不再重复存储。键由行键、列族名和列修饰符连接而成。
- ❑ DIFF：表示使用差异编码格式，键的各组成部分如果和上一单元相同则不再保存，还压缩了时间戳的保存方式，仅保存和上一单元时间戳的差异值。
- ❑ FAST_DIFF：表示使用快速差异编码格式，它和 DIFF 类似，但采用了速度更快的实现方法，另外增加了一个标志位，标志值部分是否和上一单元相同，如相同则不再重复存储。如果键很长或者列很多时建议采用该属性值。
- ❑ PREFIX_TREE：表示采用前缀树编码格式，它将一行中各个单元数据关联在一起来减小存储空间，压缩效果和前缀编码格式类似，但在随机查询时速度更快，代价是在写入时，编码速度要慢一些。该属性值适用于块缓存命中率比较高的场景，该场景下读比较频繁而写操作很少。

4. VERSIONS

该属性定义列族单元保存的数据版本数量，默认值为 1。多个版本数据是按时间戳的降序存储的，这样最新的数据首先被读出。超出该属性值的老版本数据将在 HRegion 主压缩时删除。

5. MIN_VERSIONS

该属性定义列族存储的最少版本数，默认值为 0。如该属性值大于 0 则在主压缩删除过期数据时起作用。设其为 n，当 HRegion 主压缩删除该列族过期数据时，如果删除后将导致某单元剩余版本数量少于 n 个，则该单元最新的 n 个版本不会被删除。

6. TTL

该属性定义数据的生存时间，以秒为单位，默认值为 FOREVER，表示永远不过期。该属性和 MIN_VERSIONS 联用，在 HRegion 主压缩时将删除那些已经超出 TTL 定义的生存时间并且不在 MIN_VERSIONS 定义的最少版本数保护范围里的数据。如果 MIN_VERSIONS 为 0，即使是当前版本数据，若超过生存时间也会被删除。对于不需要永久保存的数据，应设置合适的生存时间以避免大量无用历史数据残留，占用系统资源并影响查询效率。

7. KEEP_DELETED_CELLS

该属性定义在主压缩时是否清除带有删除标志的数据以及在查询时是否返回带有删除标志的数据，默认值为 false。当用 delete 命令删除数据时，仅是在数据上加上删除标志，在正常执行 get 命令和 scan 命令时不返回带有删除标志的数据，但如果在 get 命令和 scan 命令中加上时间范围过滤器（TIMERANGE），则根据每个列族的 KEEP_DELETED_CELLS 属性值决定是否返回在所选时间范围内的带有删除标志的数据。在主压缩时也根据该属性值决定是否清除列族中带有删除标志的数据，需要注意即使 KEEP_DELETED_CELLS 定义为 true，如果带有删除标志的数据超过了生存期且不在 MIN_VERSIONS 保护范围内，或者超过了最大版本数量，在主压缩时仍会被清除。

8. BLOCKSIZE

该属性定义了 HFile 数据块的大小，默认值为 64KB。如果每个单元平均数据量较大，则应定义更大的数据块。每个 HFile 的索引块存储了每个数据块的起始键，索引块大小和数据块大小基本成反比关系，如果数据块变为原来的 2 倍大，那么索引块的大小大概是原来的一半。

9. BLOCKCACHE

该属性定义是否在内存中缓存数据块，默认值为 true。该属性仅针对普通数据块，而索引块和布隆块总是在内存中缓存。

10. IN_MEMORY

该属性定义了列族是否优先放入块缓存中，默认值为 false。如该属性值为 true，则该列族的数据有最高的优先级保存在块缓存中，但并不保证其所有数据都被缓存。

11. REPLICATION_SCOPE

该属性定义了列族是否在其他 HBase 集群中复制以及复制份数，默认值为 0，表示不在其他集群中复制。如需要对列族进行复制，需要搭建 HBase 从集群并在主、从集群上进行相应配置，在从集群上要创建好需要复制的表，然后启动复制。这里不介绍具体的操作步骤，如有兴趣读者可参考 HBase 官方文档。

3.5.3 表属性

在 HBase 整张表上定义的属性称为表属性，表属性可以在表创建时定义，也可以在表创建之后修改。下面介绍经常使用的表属性。

1. SPLITS、SPLITS_FILE、NUMREGIONS、SPLITALGO

最常使用的表属性是对表进行预拆分，在表创建和修改时有好几种对表进行预拆分的方法。

最简单的方法是提供拆分点数组，该数组为按升序排列的行键拆分点，按照这些行键拆分点将表的 HRegion 预先创建好，如有 n 个行键拆分点，则预创建 $n+1$ 个 HRegion。下面是创建表时通过 SPLITS 属性提供行键拆分点的示例：

```
hbase(main):019:0> create 't4', 'f1', SPLITS => ['100', '200', '300']
0 row(s) in 4.5240 seconds

=> Hbase::Table - t4
hbase(main):020:0>
```

上述命令在创建 t4 表时给出了 3 个拆分点，因此会预创建 4 个 HRegion，第一个 HRegion 存放行键小于'100'的数据，第二个 HRegion 存放行键大于等于'100'但小于'200'的数据，依此类推。注意行键与拆分点的比较是按照底层的字节表示进行比较的，拆分点'100'的底层字节表示是'\x31\30\30'。

如果拆分点很多，则可以将拆分点保存在文本文件中，每个拆分点单独一行，在 create 命令中通过 SPLITS_FILE 属性指定拆分点文件，示例如下：

```
hbase(main):026:0> create 't5', 'f1', SPLITS_FILE => 'splits.txt'
0 row(s) in 4.4250 seconds

=> Hbase::Table - t5
hbase(main):027:0>
```

上述命令创建 t5 表时从本地文件系统的当前路径中读取拆分点文件 splits.txt，根据文件中给出的拆分点预创建 HRegion。注意在 splits.txt 文件中行键前后不应该再加单引号。

还有一种通过给出 HRegion 数量和拆分算法来自动计算出拆分点的方法，对应的表属性分别是 NUMREGIONS 和 SPLITALGO。HBase 支持的拆分算法包括 UniformSplit 和 HexStringSplit：UniformSplit 按照二进制均匀计算拆分点，适用于行键为随机二进制数的场景；HexStringSplit 按照十六进制数表示法均匀计算拆分点，适用于行键为十六进制数的场景。也可以自己编写拆分算法。示例如下：

```
hbase(main):036:0> create 't6', 'f1', NUMREGIONS => 4, SPLITALGO =>
'HexStringSplit'
0 row(s) in 4.8980 seconds

=> Hbase::Table - t6
hbase(main):037:0>
```

上述命令创建 t6 表时采用 HexStringSplit 算法预创建 4 个 HRegion，计算出的三个拆分点分别是'40000000'、'80000000'和'c0000000'。

需要注意 truncate 命令将删除一张表的所有 HRegion，然后重新创建该表，重新创建时不会预创建 HRegion。如果需要在删除全部数据的同时保留原来每个 HRegion 的边界，可使用 truncate_preserve 命令。

2. READONLY

设置该属性值为 true 则将表定义为只读表。该属性一般用在不再有数据更新的历史表上，通过 alter 命令设置其 READONLY 属性为 true 后，不能再对其执行 put、delete 操作，但仍可执行 truncate 操作删除全部数据。

3. DURABILITY

该属性定义了 WAL（Write Ahead Log，实现类为 HLog）日志的持久化策略。WAL 日志记录了表上面的所有写操作，可用于灾难恢复，当服务器崩溃时，通过重放 WAL 日志可恢复崩溃之前的数据。DURABILITY 可选的属性值有 SYNC_WAL、ASYNC_WAL、FSYNC_WAL、SKIP_WAL 和 USE_DEFAULT，默认值为 USE_DEFAULT。各属性值的含义如下：

- SYNC_WAL：表示采用同步方式写 WAL 日志，写入 WAL 后，put、delete 等操作才返回成功。
- ASYNC_WAL：表示采用异步方式写 WAL 日志，不需要等待写入 WAL，直接返回操作成功。
- FSYNC_WAL：表示采用同步方式写 WAL 日志，并且强制将 WAL 刷新到磁盘上。
- SKIP_WAL：表示不写入 WAL 日志。该属性值存在服务器崩溃后数据无法恢复的风险，一般在批量导入数据时使用，可加快导入速度，万一系统崩溃还可以重新导入数据，不会导致数据无法恢复。
- USE_DEFAULT：表示使用 HBase 的全局默认值 SYNC_WAL。

4. MAX_FILESIZE

该属性值定义了该表的每个 HRegion 中所有 HFile 合计大小上限，

默认值为集群配置项 hbase.hregion.max.filesize 的配置值。当 HRegion 中 HFile 合计大小超出该属性值时，将自动拆分为两个 HRegion。

5. MEMSTORE_FLUSHSIZE

该属性值定义了表的 MemStore 大小上限，默认值为集群配置项 hbase.hregion.memstore.flush.size 的配置值。当 MemStore 大小超出该属性值时则将其写入磁盘的 StoreFile 中。

3.5.4 设计实例

下面以实际应用场景为例介绍如何进行 HBase 的模式设计。在一个电商平台上，主要有客户数据、商品数据和订单数据，商品又划分为食品、服装、电器等不同类别。HBase 的模式设计非常简单灵活，针对上述电商平台的数据有很多种不同的模式设计方法，但究竟如何选择需要考虑主要的应用需求，实际的电商平台应用需要解决的问题有以下几类：

- 统计每类商品或每款商品的销售情况。
- 查询每类商品或每款商品的购买客户列表，以便对购买人群进行特征分析。
- 查询某个客户购买的商品列表，以便分析其个人喜好。

可以发现上述几个应用需求都是围绕着订单数据进行的，所以模式设计的重点应该是设计好订单数据表，以便在对其进行查询时具备比较好的性能，而其关键就在于行键设计，理想的情况是能通过行键索引进行查询。

针对前两类问题，可以将订单表的行键设计为商品 ID+客户 ID+订单时间戳的组合，其中商品 ID 和客户 ID 分别为商品表和客户表的行键，这样无论是统计每款商品的销售情况还是查询每款商品的购买客户列表，都可以通过行键索引查询行键前缀，相应数据在 HRegion 中也是顺序存放的，具有非常好的查询性能。但该行键设计对于第三类问题而言，由于某个客户购买的商品列表是分散在各个文件中的，所以查询性能不佳。因为行键设计无法兼顾所有查询优化，只能根据重要性进行取舍。

因为查询统计不仅会针对每款商品，还会针对每类商品进行，所以可以将商品 ID 设计为商品类别 ID+顺序编号，这样针对某个商品类别进行统计查询时一样可以通过行键前缀进行。

接下来要考虑每张表中要创建哪些列族，基于列族尽量少的原则，对于商品表和客户表，可以只建一个列族，对于订单表，可以建两个列族，一个列族存放订单相关数据，比如订单金额、收货地址等，解决第一类问题时仅查询该列族数据即可；另一个列族存放客户特征数据，是为了对购买人群进行特征分析使用的。虽然客户特征数据也可以根据客户 ID 查询客户表获取，但在订单表中直接保存可以显著提升第二类问题的查询性能，例如有几十万客户曾经购买过某类商品，如果都需要通过查询客户表来获取客户特征数据，将造成严重的性能问题。注意不需要在订单表中保存所有客户数据，比如姓名、联系方式这些与特征无关的数据不需要在订单表中冗余存储，仅保存与客户特征分析相关的数据即可。

如果第三类问题的性能对应用也非常关键，可以通过冗余数据表来解决，专门建一张客户购买记录表，以客户 ID+商品 ID+订单时间戳的组合作为行键，仅有一个列族用来保存分析客户个人喜好所需要的相关信息，如商品名称、品牌、价格等。

最后需要考虑下列族属性和表属性的设计。商品表使用频率非常高，可以设计 IN_MEMORY 属性优先缓存。为追踪商品历史信息，商品数据应保存多个版本。为节省存储空间，可将数据压缩存储，对数据块采用前缀编码格式。对于商品表和订单表，可考虑根据商品类别进行预拆分，为了使预拆分的各个 HRegion 负载比较均衡，可以使负载比较小的商品类别编号相邻并分入同一个 HRegion 中，而比较大的商品类别则单独分在一个 HRegion 中。

根据上述模式设计在 HBase Shell 中创建表的示例如下：

```
hbase(main):002:0> create 'customer', {NAME=>'c', COMPRESSION=>'GZ', DATA_BLOCK_ENCODING=>'PREFIX'}
0 row(s) in 4.8250 seconds

=> Hbase::Table - customer
hbase(main):003:0> create 'goods', {NAME=>'g', COMPRESSION=>'GZ', DATA_BLOCK_ENCODING=>'PREFIX', IN_MEMORY=>'true', VERSIONS=>10}, SPLITS=>['01', '02', '03', '04', '06', '08', '10', '13', '16']
0 row(s) in 4.4800 seconds

=> Hbase::Table - goods
hbase(main):004:0> create 'order', {NAME=>'o', COMPRESSION=>'GZ', DATA_BLOCK_ENCODING=>'PREFIX'}, {NAME=>'c', COMPRESSION=>'GZ', DATA_BLOCK_ENCODING=>'PREFIX'}, SPLITS=>['01', '02', '03', '04', '06', '08', '10', '13', '16']
0 row(s) in 4.4010 seconds

=> Hbase::Table - order
hbase(main):005:0> create 'customer_order', {NAME=>'g', COMPRESSION=>'GZ',
```

```
DATA_BLOCK_ENCODING=>'PREFIX'}
0 row(s) in 4.3780 seconds

=> Hbase::Table - customer_order
hbase(main):006:0>
```

上述命令共创建了如下4张表。

- customer：客户表。只有一个列族，基于列族名尽量短的原则，设列族名为c，设置了列族属性COMPRESSION为GZ方式压缩存储，DATA_BLOCK_ENCODING为PREFIX编码格式。
- goods：商品表。只有一个列族g，除了和客户表一样设置了COMPRESSION和DATA_BLOCK_ENCODING属性外，还设置了IN_MEMROY属性为true，VERSIONS属性为10，即保存10个历史版本数据。按照商品类别将其预拆分成10个HRegion，商品类别编号为从01开始的两位数字，命令中给出了9个类别编号拆分点。
- order：订单表。有两个列族o和c，其中列族o保存订单信息，列族c保存对购买人群进行特征分析所需的客户信息，属于为查询优化而保存的客户表冗余信息。订单表采取了和商品表同样的拆分方法，预拆分为10个HRegion。
- customer_order：客户购买记录表，以客户ID+商品ID+订单时间戳为行键，专门供分析个体客户的个人喜好使用，只有一个列族g保存分析客户喜好所需的那部分信息。

在此基础上进行业务所需要的查询很简单，例如要查询所有购买商品02000003的客户列表，可通过如下命令获取：

```
hbase(main):018:0> scan 'order', {ROWPREFIXFILTER=>'02000003',
COLUMNS=>'c'}
ROW                            COLUMN+CELL
 02000003000000122017032215060   column=c:age, timestamp=1490115669063,
value=22
 02000003000000122017032215060   column=c:gender, timestamp=
1490115622631, value=male
1 row(s) in 0.0470 seconds

hbase(main):019:0>
```

上述示例命令中使用了行键前缀过滤器和列过滤器，表示查询order表中行键以'02000003'开头的列族c的所有数据。

3.6 HBase 安全

在生产环境中系统和数据的安全性是必须要考虑的重要因素，HBase 也不例外，它提供了一系列完整的安全访问和权限控制手段来保证系统各组件和数据的安全性。本节从安全访问配置和数据访问权限控制两方面来介绍 HBase 安全管理。

3.6.1 安全访问配置

1. 客户端安全访问

默认配置下客户端可以不需要认证直接访问 HBase 集群，只要网络连通即可。可以通过在每台服务器的 hbase-site.xml 配置文件中设置 hbase.security.authentication、hbase.security.authorization、hbase.coprocessor.region.classes 等属性来要求客户端必须通过 Kerberos 认证才能访问 HBase。配置示例如下：

```xml
<property>
  <name>hbase.security.authentication</name>
  <value>kerberos</value>
</property>
<property>
  <name>hbase.security.authorization</name>
  <value>true</value>
</property>
<property>
  <name>hbase.coprocessor.region.classes</name>
  <value>org.apache.hadoop.hbase.security.token.TokenProvider</value>
</property>
```

进行上述配置修改之后，必须关闭整个 HBase 集群再重新启动才能生效。

客户端也需要在 hbase-site.xml 中将 hbase.security.authentication 设置为 kerberos 才能访问集群，如果客户端和服务器端该参数配置不一致，它们之间将无法进行通信。配置示例如下：

```xml
<property>
  <name>hbase.security.authentication</name>
  <value>kerberos</value>
</property>
```

由于要求进行 Kerberos 认证才能访问，客户端必须在 Kerberos 认证服务器登记并获取 HBase 服务器的授权票据，否则无法通过认证。具体步骤限于篇幅不在本书中介绍。

2. 客户端简单访问控制

和前面的安全访问不同，客户端简单访问控制并不能阻止黑客攻击，只是一种很方便的通过设置用户权限来进行访问控制的方法，可防止误操作。如果要提升系统的安全性，需要采用前面介绍的客户端安全访问，配置 Kerberos 认证。

采用客户端简单访问控制，每台服务器的 hbase-site.xml 中应配置如下属性：

```xml
<property>
  <name>hbase.security.authentication</name>
  <value>simple</value>
</property>
<property>
  <name>hbase.security.authorization</name>
  <value>true</value>
</property>
<property>
  <name>hbase.coprocessor.master.classes</name>
  <value>org.apache.hadoop.hbase.security.access.AccessController</value>
</property>
<property>
  <name>hbase.coprocessor.region.classes</name>
  <value>org.apache.hadoop.hbase.security.access.AccessController</value>
</property>
<property>
  <name>hbase.coprocessor.regionserver.classes</name>
  <value>org.apache.hadoop.hbase.security.access.AccessController</value>
</property>
```

进行上述配置修改之后，必须关闭整个 HBase 集群再重新启动才能生效。

客户端也需要在 hbase-site.xml 中将 hbase.security.authentication 设置为 simple 才能访问集群：

```xml
<property>
  <name>hbase.security.authentication</name>
  <value>simple</value>
</property>
```

3.6.2 数据访问权限控制

在配置了客户端安全访问或简单访问控制之后，普通用户默认没有任何访问权限，必须经过授权才能获得 HBase 集群中相应数据的访问权限。授权既可以针对单个用户，也可以针对一个组，注意这里的组并非指操作系统的用户组，而是 Hadoop 的组映射（group mapper）中定义的组。

HBase 中的数据访问权限分为以下 5 种彼此独立的级别，每个级别对应不同的操作类型。

- Read（R）：读权限，可以读取指定范围内的数据。
- Write（W）：写权限，可以在指定范围内写数据，包括增加、删除。
- Execute（X）：执行权限，可以在指定范围内执行 HBase 协处理器终端程序（coprocessor endpoints）。
- Create（C）：创建权限，可以在指定范围内创建、删除表。
- Admin（A）：管理权限，可以在指定范围内执行分配 HRegion、平衡负载等集群操作。

R、W、X、C、A 分别是上述 5 种级别的权限标识符，在给用户授权时可以指定其中的一种或几种，同时还会指定权限的作用范围。作用范围包含如下几种。

- 超级用户（Superuser）：可以对任意对象执行所有操作。超级用户包括启动 HBase 的用户以及 hbase-site.xml 中的配置项 hbase.superuser 所指定的用户，超级用户无须经过授权即自动获得所有访问权限。
- 全局（Global）：允许在集群的所有表上执行操作。
- 命名空间：允许在指定命名空间的所有表上执行操作。
- 表：允许在指定表的数据或元数据上执行操作。
- 列族：允许在指定列族的单元上执行操作。
- 列：允许在指定列的单元上执行操作。

各种权限级别和作用范围组合在一起可以实现非常细粒度的权限控制，在对用户授权时需要特别注意全局管理权限仅能授权给可以信任的用户，因为如果管理权限的作用范围是全局，那么用户可以授权自己拥有任意表的读写权限，甚至可以绕过正常的权限控制流程直接向 ACL（Access Control Labels）表中插入数据来模拟授权操作。

在 HBase Shell 中可以通过 grant 命令来进行授权，其语法格式如下：

grant <user>, <permissions> [, <@namespace> | <table> [, <column family> [, <column qualifier>]]]

其中前两个参数是必需的,第一个参数是用户名或组名,如为组名,则需加上@作为前缀,HBase 在执行 grant 命令时并不进行用户名校对,所以即使用户名并不存在命令仍然能执行成功。第二个参数为权限标识符 RWXCA 的任意组合。后面的参数是可选的,表示权限的作用范围,可以为命名空间、表、列族或者列,如果没有后续参数则表示作用范围为全局。注意当命名空间单独作为一个参数时,需要加上@前缀。下面是 grant 命令执行示例:

```
hbase(main):138:0> grant 'user1', 'RW', 'default:t1'
0 row(s) in 0.3480 seconds

hbase(main):139:0> grant 'user2', 'RWCX', '@default'
0 row(s) in 0.3370 seconds

hbase(main):140:0>
```

上述第一条命令给用户 user1 授权 default:t1 表的 RW 权限,第二条命令给用户 user2 授权 default 命名空间的 RWCX 权限。

权限回收命令 revoke 格式和 grant 命令类似,只是少了第二个表示权限标识符的参数,含义是回收该用户在指定范围内的所有权限,命令示例如下:

```
hbase(main):154:0> revoke 'user1', 'default:t1'
0 row(s) in 0.2700 seconds

hbase(main):155:0> revoke 'user2', '@default'
0 row(s) in 0.2520 seconds

hbase(main):156:0>
```

注意 revoke 命令的作用范围参数必须和 grant 命令一致才能成功回收权限,否则不论给出的作用范围是更大还是更小都不会回收权限。

实验 2　HBase 集群搭建

实验目的

本实验的目的如下:
- 掌握 HBase 体系架构。
- 掌握 HBase 集群安装部署步骤。

- 掌握 HBase Shell 一些常用命令的使用。

实验要求

本实验的要求如下：
- 部署一个主节点、三个子节点的 HBase 集群。
- 进入 HBase Shell，通过命令练习创建表、插入数据及查询等命令。

实验步骤

本实验要部署 HBase 集群，由于 HBase 依赖于 HDFS，所以首先要安装 Hadoop 集群。本实验的步骤如下：

（1）在准备安装 HBase 集群的 4 台服务器上配置彼此之间的 SSH 无密码登录，具体步骤请参考实验 1。

（2）在 4 台服务器上安装 2.7.3 版本的 Hadoop 集群并启动，具体步骤请参考实验 1。

（3）在 4 台服务器上安装 1.2.4 版本的 HBase 集群，具体步骤请参考 3.2.4。

（4）启动 HBase 集群。

（5）在各节点上执行 jps 命令检查启动的进程。

（6）通过访问 HBase Web 页面检查集群状态。

（7）进入 HBase Shell，执行 create、list、describe、put、scan、get、disable、drop 等操作，操作命令格式参考 3.4.1 节，示例如下：

```
create 'test' , 'f1'
list
describe 'test'
put 'test', 'r01', 'f1:name', 'Zhang San'
put 'test', 'r01', 'f1:gender', 'Male'
scan 'test'
get 'test', 'r01'
disable 'test'
drop 'test'
list
```

习题 3

1. HBase 集群中 HMaster、HRegionServer 和 ZooKeeper 的主要作用分别是什么？

2．HBase 有哪几种部署方式？它们的主要区别是什么？

3．HBase 集群有哪些配置文件？它们的主要作用分别是什么？

4．HBase Shell 有哪些 DDL 命令和 DML 命令？请分别对它们作简要描述。

5．你认为应如何进行 HBase 的行键设计？

6．对 HBase 表划分列族时应遵循哪些原则？

7．HBase 表有哪些列族属性和表属性？请分别进行简要描述。

8．HBase 中数据访问有哪几种权限级别？它们的作用范围有哪些？

参考文献

[1] http://hbase.apache.org/book.html.

[2] 刘鹏，等．大数据库实验手册[M]．南京：南京云创大数据科技股份有限公司，2017．

[3] 何金池．大数据处理之道[M]．北京：电子工业出版社，2016．

[4] 陆嘉恒．大数据挑战与 NoSQL 数据库技术[M]．北京：电子工业出版社，2013．

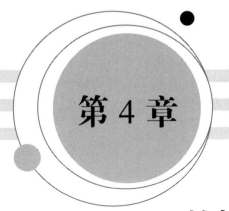

第 4 章

数据仓库工具 Hive

Hive 是一个构建于 Hadoop 的 HDFS 和 MapReduce 之上,用于管理和查询结构化/非结构化数据的数据仓库工具,可以将结构化的数据文件映射为一张数据库表,适合数据仓库的统计分析。Hive 是 Hadoop 生态圈中的重要项目,是目前企业数据仓库的主流架构之一。

Hive 的优点是学习成本低,通过类 SQL 语句快速实现简单的 MapReduce 统计,不必开发专门的 MapReduce 应用。Hive 的不足是它构建在基于静态批处理的 Hadoop 之上,通常有较高的延迟并且在作业提交和调度的时候需要大量的开销,不能够在大规模数据集上实现低延迟快速查询。因此 Hive 的最佳使用场合是大数据集的批处理作业,例如,网络日志分析。Hive 不适合复杂的机器学习算法、复杂的科学计算和联机交互式实时查询等场景。

本章对 Hive 进行较为系统全面的介绍,内容包括 Hive 的工作原理和体系架构、Hive 的三种部署方法(内嵌模式部署、独立模式部署和远程模式部署)、Hive 的配置文件和配置方法以及 Hive 表 DDL 操作和 DML 操作。通过本章学习和实验,读者可以熟悉 Hive 管理和操作数据的方式,从而对 Hive 有一个全面的认识。

4.1 Hive 简介

Hive 起源于 Facebook,2008 年 Facebook 将 Hive 项目贡献给 Apache,成为其开源项目,目前最新版本为 hive-2.1.1。

4.1.1 工作原理

Hive 非常简单，本质上是一个 SQL 解析引擎，它将 SQL 语句转译成 MapReduce 作业并在 Hadoop 上执行。Hive 提供了类似于 SQL 语法的 HQL 语句作为数据访问接口，让精通 SQL 的分析师能够以类 SQL 的方式管理和查询存储在 HDFS 上的数据，实现简单的 MapReduce 统计而不必开发专门的 MapReduce 应用。

Hadoop 本身不能识别 Hive，但是它通过 Hive 架构可转化成 Hadoop 能识别的一个个任务。如图 4-1 所示，Hive 执行过程可概括如下：

（1）用户通过用户接口连接 Hive，发布 Hive QL。
（2）Hive 解析查询并制订查询计划。
（3）Hive 将查询转换成 MapReduce 作业。
（4）Hive 在 Hadoop 上执行 MapReduce 作业。

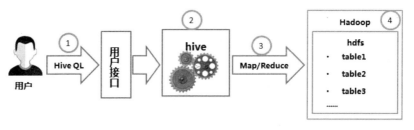

图 4-1 Hive 的工作原理

由上述 Hive 执行过程可知，用户发出 SQL 请求，经过 Hive 处理，转换成可在 hadoop 上执行的 MapReduce 作业。因此，Hive 本质上相当于 MapReduce 和 HDFS 的翻译终端。

4.1.2 体系架构

Hive 本身建立在 Hadoop 体系之上，主要是提供了一个 SQL 解析过程。Hive 在 Hadoop 中的位置如图 4-2 所示。因此在执行 Hive 操作之前要确保 Hadoop 集群环境及其 MapReduce 组件已启动且运行正常，否则相关 Hive 操作会执行失败。

Hive 组成部分分为 Hive 客户端和 Hive 服务端。Hive 客户端包括 Hive Thrift 客户端、JDBC 客户端和 ODBC 客户端等。用户通过 Hive 客户端访问 Thrift 服务端。Hive Thrift 客户端为编写 Python、C++、PHP 等应用程序，使用 Hive 操作提供了方便。JDBC 客户端封装了 Thrift，java 应用程序，可以通过指定的主机和端口连接到在另一个进程中运行的 Hive 服务器。ODBC 客户端允许支持 ODBC 协议的应用程序连接到

Hive 服务端，执行相关的操作。Hive 服务端提供 Hive Shell 命令行接口、Hive Web 接口和为不同应用程序提供多种服务的 Hive Server，实现上述 Hive 服务操作与存储在 Hadoop 上的数据之间的交互。Hive 的体系架构如图 4-3 所示，主要包含 Shell 环境、元数据库、解析器等组件，按功能主要分为 5 大模块。

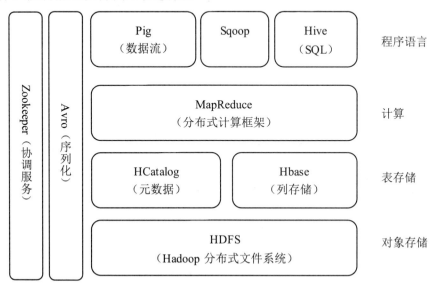

图 4-2　Hive 在 Hadoop 中的位置

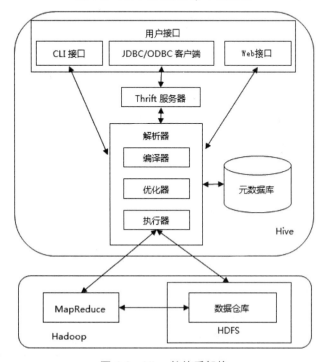

图 4-3　Hive 的体系架构

1. 用户接口

用户接口包括 CLI、Hive 客户端和 Web 接口，其中最常用的是 CLI。

- ❑ CLI 命令行接口：是 Hive 提供的标准接口，也是最常用的用户接口。
- ❑ Hive 客户端：包括 Hive Thrift 客户端、JDBC 客户端和 ODBC 客户端等。
- ❑ Web 接口：提供界面，用户通过浏览器来访问和操作 Hive 服务端。

2. Thrift 服务器

Thrift 服务器为 Thrift 客户端、JDBC 驱动应用、ODBC 驱动应用提供 Thrift 服务，实现将用其他语言编写的程序转换为 Java 应用程序的功能，因为 Hadoop 是用 Java 语言编写的。

3. 解析器

解析器包括解释器、编译器、优化器和执行器，是将 Hive QL 翻译成 MapReduce 和 HDFS 操作的核心部件，能够实现 Hive 服务操作到 MapReduce 分布式应用的任务转换。编译器是 Hive 的核心，完成 HQL 语句从词法分析、语法分析、编译、优化到执行计划的生成的一系列操作，优化器是一个演化组件，执行器顺序执行所有的 Job。

4. MetaStore 元数据

MetaStore 元数据包括表名、列名、表分区名以及数据在 HDFS 上的存储位置等，它存储在关系数据库中，如 MySQL、Derby。Hive 通过元数据实现与 Hadoop 之间不同数据格式的转换。

5. Hadoop 集群

Hadoop 集群是底层分布式存储和计算引擎，能为 Hive 进行分析操作提供数据分布式存储支持。Hive 的数据文件存储在 HDFS 中，大多数查询计算由 MapReduce 完成。

4.1.3 数据模型

Hive 的存储建立在 Hadoop 文件系统之上，本身并没有专门的数据存储格式，也不能为数据建立索引，数据能以任意形式存储在 HDFS 上，或者以特定分类形式存储在分布式数据库 HBase 中。用户可以自由地组织 Hive 中的表，只需在创建 Hive 表时指明数据的列与行分隔符，Hive

即可解析数据。

Hive 的数据由两部分组成：数据文件和元数据。数据文件存储在 Hadoop 文件系统中，元数据存储在关系数据库中，元数据包括表名、列名、表分区名以及数据在 HDFS 上的存储位置等。

Hive 包含以下四种数据模型：内部表（Managed Table）、外部表（External Table）、分区（Partition）和桶（Bucket）。

1. 内部表

Hive 中的内部表（Managed Table）和关系数据库中的表在概念上是类似的，每个表在 HDFS 中都有对应目录用来存储表的数据，这个目录在配置文件 hive-site.xml 中设置。

内部表的创建过程和数据加载过程可以分别独立完成，也可以在同一个语句中完成。在加载数据过程中，数据被移至数据仓库目录，之后对数据的访问在数据仓库目录中直接完成。删除内部表时，表中的数据和元数据会被同时删除。

2. 外部表

Hive 中的外部表（External Table）和内部表在元数据的组织上是一样的，但在实际数据存储上有较大差异，外部表数据不是存储在自己表所属的目录中，而是存储在别处，指向已经在 HDFS 中存在的数据。

外部表仅有一个过程，创建表和数据加载过程同时进行和完成，实际数据存储在 LOCATION 指定的 HDFS 路径中，并不会移至数据仓库目录中。如果删除外部表，那么被删除的仅仅是外部表对应的元数据，外部表所指向的数据是不会被删除的。

创建外部表使用 EXTERNAL 关键字，告知 Hive 不需要其管理外部表所操作的数据，该操作不会在数据仓库目录下自动创建以表命名的目录，数据存储位置由用户在创建表时使用 LOCATION 关键字指定（该操作甚至不会检查用户指定的外部存储位置是否存在）。

3. 分区

分区（Partition）与数据库中的 Partition 列的密集索引相对应，但组织方式有所不同。分区是表的部分列的集合，可以为频繁使用的数据建立分区，这样查找分区中的数据时就不需要扫描全表，有利于提高查找效率。在 Hive 中，每个表有一个相应的目录存储数据，表中的每一个分区对应表目录下的一个子目录，每个分区中的数据则存储在对应子目录下的文件中。例如，表 member（假定包含分区字段 gender）

在 HDFS 的路径为/user/hive/warehouse/member，分区 gender=F 对应的 HDFS 路径为/user/hive/warehouse/ member/gender=F；分区 gender=M 对应的 HDFS 路径为/user/hive/warehouse/member/gender=M。当导入数据到分区 gender=F 时，则数据存储在/user/hive/warehouse/member/gender=F/000000_0 文件中；当导入数据到分区 gender=M 时，则数据存储在/user/hive/warehouse/member/gender=M/000000_0 文件中。

4．桶

桶（Bucket）将表的列通过 Hash 算法进一步分解成不同的文件存储。它对指定列计算 Hash 值，根据 Hash 值切分数据，目的是为了并行，每一个桶对应一个文件（注意和分区的区别，分区是粗粒度的划分，桶是细粒度的划分）。这样可以让查询发生在小范围的数据上，提高查询效率，适合进行表连接查询，适合用于采样分析。比如，要将 member 表的 id 列分散至 32 个桶中，首先对 id 列的值进行 Hash 值计算，其中对应 Hash 值是 0 的数据存储在/hive/warehouse/member/000000_0 文件中；对应 Hash 值是 1 的数据存储在/hive/warehouse/member/000001_0 文件中，依次类推。

Hive 中的数据存储如图 4-4 所示。

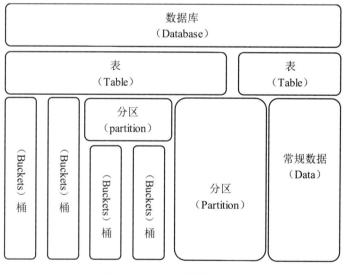

图 4-4　Hive 中的数据存储

4.2　Hive 部署

Hive 将 Metastore 元数据存储在 RDBMS 中，如 MySQL、Derby。

按 Metastore 存储位置的不同，其部署模式分为内嵌模式、本地模式和完全远程模式三种。

4.2.1 Hive 部署模式

1. 内嵌模式

该模式是安装时的默认部署模式，元数据信息被存储在 Hive 自带的数据库 Derby 中，如图 4-5 所示，所有组件（如数据库、元数据服务）运行在同一个进程内，只允许建立一个连接，意味着同一时刻只支持一个用户访问和操作 Hive。该模式有很大的局限性，一般用于演示。

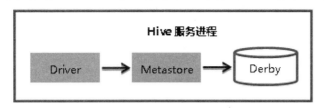

图 4-5　Hive 内嵌模式示例

2. 本地模式

该模式的元数据服务运行在 Hive 服务主进程中，当涉及元数据操作时，Hive 服务中的元数据服务模块通过 JDBC 和存储于 DB 里的元数据数据库进行交互。如图 4-6 所示，该模式下 MySQL 数据库与 Hive 运行在同一台物理机器上，可提供多用户并发访问 Metastore 服务，一般用于开发和测试。

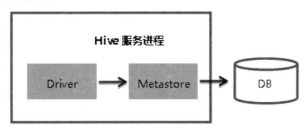

图 4-6　Hive 本地模式示例

3. 远程模式

和本地模式一样，远程模式的元数据信息被存储在独立数据库中，不同之处是元数据可能存储在另一台物理机上，甚至另一种操作系统上。如图 4-7 所示，元数据服务以独立进程运行，允许创建多个连接，提供多用户同时访问并操作 Hive。HiveServer2 和 Hcatalog 等进程使用

Thrift 客户端通过网络获取元数据服务,而 Metastore Service 通过 JDBC 和存储在数据库里的 Metastore Database 交互。该模式提供各类接口(BeeLine、CLI 和 Pig),其实是典型的网站架构模式。首先前台页面给出查询语句,然后中间层使用 Thrift 网络 API 将查询传到 Metastore Service,接着 Metastore Service 根据查询得出结果,并给出回应。

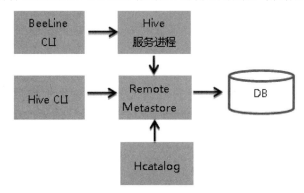

图 4-7 Hive 远程模式示例

4.2.2 Hive 内嵌模式部署

Hive 是基于 Hadoop 的数据仓库技术,因此部署 Hive 前要预先部署完成 Hadoop 稳定版本的集群环境(本教材采用 Hadoop 2.7.3 版本,可参考 2.2 节进行部署)。下面介绍 hive-2.1.1 二进制包的安装方法。

(1)下载 Hive 安装包到/root/tools 目录。

打开浏览器,在地址栏直接输入 http://mirrors.cnnic.cn/apache/hive/hive-2.1.1/并回车,找到 Apache 官网上的 Hive 安装包地址,如图 4-8 所示,下载安装包 apache-hive-2.1.1-bin.tar.gz(已经编译好的二进制包),并复制到 client 机的/root/tools 目录下。

```
/apache/hive/hive-2.1.1/
           File Name              File Size           Date
../                               -                   -
apache-hive-2.1.1-bin.tar.gz      149756462           08-Dec-2016 13:45
apache-hive-2.1.1-src.tar.gz      19466965            08-Dec-2016 13:45
```

图 4-8 Apache 官网上的 Hive 安装包

```
[root@client~]# ll /root/tools          #显示/root/tools 目录结构
[root@client ~]# ll /root/tools
total 146248
-rw-r--r-- 1 root root 149756462 Mar 28 08:54 apache-hive-2.1.1-bin.tar.gz
```

(2)解压二进制包到安装目录/usr/cstor,解压后生成子目录

apache-hive-2.1.1-bin，下面命令完成以 root 身份，在 client 上将/root/tools 目录下的 apache-hive-1.2.1-bin.tar.gz 解压到/usr/cstor 目录下。Hive 的版本为 2.1.1。

[root@client~]# cd /usr/cstor/
[root@client cstor]# tar -zxvf /root/tools/apache-hive-2.1.1-bin.tar.gz
#解压安装包
[root@client cstor]# ll

```
[root@client cstor]# ll
total 8
drwxr-xr-x  9 root  root   171 Aug 10 19:55 apache-hive-2.1.1-bin
drwxr-xr-x 10 root  root   163 Aug 10 13:48 hadoop
```

（3）将目录 apache-hive-2.1.1-bin 重命名为 hive，方便后续操作。

[root@client cstor]# mv apache-hive-2.1.1-bin hive   #更改目录名
[root@client cstor]# ll

```
[root@client cstor]# mv apache-hive-2.1.1-bin hive
[root@client cstor]# ll
total 8
drwxr-xr-x 10 root root   163 Aug 10 13:48 hadoop
drwxr-xr-x  9 root root   171 Aug 10 19:55 hive
```

[root@client cstor]# cd hive
[root@client hive]# ll

```
[root@client cstor]# cd hive
[root@client hive]# ll
total 80
-rw-r--r-- 1 root root 29003 Nov 29  2016 LICENSE
-rw-r--r-- 1 root root   578 Nov 29  2016 NOTICE
-rw-r--r-- 1 root root  4122 Nov 29  2016 README.txt
-rw-r--r-- 1 root root 18501 Nov 30  2016 RELEASE_NOTES.txt
drwxr-xr-x 3 root root   209 Aug 10 19:55 bin
drwxr-xr-x 2 root root  4096 Aug 10 19:55 conf
drwxr-xr-x 4 root root    34 Aug 10 19:55 examples
drwxr-xr-x 7 root root    68 Aug 10 19:55 hcatalog
drwxr-xr-x 2 root root    44 Aug 10 19:55 jdbc
drwxr-xr-x 4 root root  8192 Aug 10 19:55 lib
drwxr-xr-x 4 root root    35 Aug 10 19:55 scripts
```

以上为 Hive 目录列表，其中 bin 目录存放启动脚本，conf 目录存放配置文件，lib 目录存放 Hive 运行所依赖的 Java 包。

（4）为 Hive 配置 Hadoop 安装路径。进入 Hive 配置文件夹 conf，将 Hive 的环境变量模板文件复制成环境变量文件。编辑 Hive 默认环境变量文件 hive-env.sh，实现将 Hadoop 环境变量写入 hive-env.sh 文件。

```
[root@client hive]# cd conf          #进入 Hive 配置目录 conf
[root@client conf]# ll
[root@client conf]# cp hive-env.sh.template hive-env.sh
#复制环境变量模板文件 hive-env.sh.template 成环境变量文件 hive-env.sh
[root@client conf]# vim hive-env.sh   #编辑文件 hive-env.sh
```

```
[root@client conf]# cp hive-env.sh.template hive-env.sh
[root@client conf]# ll
total 264
-rw-r--r-- 1 root root   1596 Nov 29  2016 beeline-log4j2.properties.template
-rw-r--r-- 1 root root 229198 Nov 30  2016 hive-default.xml.template
-rw-r--r-- 1 root root   2378 Aug 10 20:02 hive-env.sh
-rw-r--r-- 1 root root   2378 Nov 29  2016 hive-env.sh.template
-rw-r--r-- 1 root root   2274 Nov 29  2016 hive-exec-log4j2.properties.template
-rw-r--r-- 1 root root   2925 Nov 29  2016 hive-log4j2.properties.template
-rw-r--r-- 1 root root   2060 Nov 29  2016 ivysettings.xml
-rw-r--r-- 1 root root   2719 Nov 29  2016 llap-cli-log4j2.properties.template
-rw-r--r-- 1 root root   4353 Nov 29  2016 llap-daemon-log4j2.properties.template
-rw-r--r-- 1 root root   2662 Nov 29  2016 parquet-logging.properties
[root@client conf]# vim hive-env.sh

# Licensed to the Apache Software Foundation (ASF) under one
# or more contributor license agreements.  See the NOTICE file
```

在键盘按【i】键开始编辑配置文件 hive-env.sh，加入以下语句：

HADOOP_HOME=/usr/cstor/hadoop

说明：编者的 Hadoop 部署位置为/usr/cstor/hadoop/，实际操作中要根据自己的 Hadoop 部署位置进行调整。

（5）在 HDFS 里新建 Hive 存储目录。

Hive 运行过程中指定在/user/hive/warehouse 存储 metadata（元数据），故要在 HDFS 中建立该目录并为其分配权限。

```
[root@client conf]# cd /usr/cstor/hadoop
[root@client hadoop]# bin/hadoop fs -mkdir /tmp      #建立目录 tmp
[root@client hadoop]# bin/hadoop fs -mkdir -p /user/hive/warehouse
#建立目录/user/hive/warehouse
[root@client hadoop]# bin/hadoop fs -chmod g+w /tmp
#使 tmp 对同组用户增加写权限
[root@client hadoop]# bin/hadoop fs -chmod g+w /user/hive/warehouse
#使/user/hive/warehouse 对同组用户增加写权限
```

（6）初始化元数据库，启动 Hive，进入 Hive 运行时环境。

```
[root@client hadoop]# cd /usr/cstor/hive/          #进入 Hive 安装目录
[root@client hive ]# bin/schematool -dbType derby -initSchema
#初始化元数据库
[root@client hive ]# bin/hive          #启动 Hive 进入 Hive 运行时环境
hive>
```

在内嵌模式下，启动 Hive 指的是启动 Hive 运行时环境。出现"hive>"提示表示 Hive 正常启动，否则部署失败。若部署成功可以用下面的命令显示 Hive 表和函数。

```
hive> show tables;                    #显示 Hive 的表
hive> show functions;                 #显示 Hive 的函数
```

4.2.3　Hive 本地和远程模式部署

Hive 本地模式下元数据存储在 MySQL 数据库中，且 MySQL 数据库与 Hive 运行在同一台物理机器上。下面介绍本地模式的安装过程。

（1）按 4.2.2 节操作完成 Hive 的基本安装。

（2）安装 MySQL 程序。MySQL 程序的安装在此不做介绍，读者基于自己的系统参考有关资料自行安装。假定在安装过程中为 root 用户设置 MySQL 登录密码为 123456。

（3）启动 MySQL，使用 root 用户登录 MySQL 数据库，在提示输入密码时输入前面设置的密码 123456。

```
[root@client ~]# cd /etc/init.d
[root@client init.d~]# ./mysqld start       #启动 MySQL
[root@client init.d~]# mysql -uroot -p      #登录 MySQL
```

```
[root@client ~]# cd /etc/init.d
[root@client init.d]# ./mysqld start
Starting MySQL SUCCESS!
[root@client init.d]# mysql -uroot -p
Enter password:
Welcome to the MySQL monitor.  Commands end with ; or \g.
Your MySQL connection id is 4
Server version: 5.6.30 MySQL Community Server (GPL)

Copyright (c) 2000, 2016, Oracle and/or its affiliates. All rights reserved.

Oracle is a registered trademark of Oracle Corporation and/or its
affiliates. Other names may be trademarks of their respective
owners.

Type 'help;' or '\h' for help. Type '\c' to clear the current input statement.

mysql>
```

（4）创建存储 Hive 元数据的数据库 HiveDB，并通过显示数据库语句验证创建成功。

```
mysql>create database HiveDB;               #创建数据库 HiveDB
[mysql>show databases;                      #显示 MySQL 数据库
```

```
mysql> show databases;
+--------------------+
| Database           |
+--------------------+
| information_schema |
| HiveDB             |
| mysql              |
| performance_schema |
| test               |
+--------------------+
5 rows in set (0.00 sec)
```

(5)退出 MySQL,切换到 hive 的 bin 目录编辑 hive-config.sh 文件。

```
mysql>exit;                                      #退出 MySQL
[root@client ~]# cd /usr/cstor/hive/bin/         #切换到 hive 的 bin 目录
[root@client bin]# vim hive-config.sh            #编辑 hive-config.sh
```

加下列 Hadoop 和 Hive 的安装目录后保存退出。

```
export  HADOOP_HOME=/usr/cstor/hadoop
export  HIVE_HOME=/usr/cstor/hive
```

(6)切换到 hive 的 conf 目录创建和编辑 hive-site.xml 文件。

```
[root@client bin]# cd /usr/cstor/hive/conf/      #切换到 hive 的 conf 目录
[root@client conf]# touch hive-site.xml          #创建 hive-site.xml 文件
[root@client conf]# vim hive-site.xml            #编辑 hive-site.xml 文件
```

加下列内容后保存退出:

```xml
<configuration>
 <property>
  <name>javax.jdo.option.ConnectionURL</name>
  <value>jdbc:mysql://localhost:3306/HiveDB?createDatabaseIfNotExist=true</value>
 </property>
 <property>
  <name>javax.jdo.option.ConnectionDriverName</name>
  <value>com.mysql.jdbc.Driver</value>
 </property>
 <property>
  <name>javax.jdo.option.ConnectionUserName</name>
  <value>root</value>
 </property>
 <property>
  <name>javax.jdo.option.ConnectionPassword</name>
  <value>123456</value>
 </property>
 <property>
  <name>hive.metastore.warehouse.dir</name>
  <value>/user/hive/warehouse</value>
 </property>
 <property>
  <name> hive.hwi.listen.host </name>
  <value>0.0.0.0</value>
 </property>
 <property>
  <name> hive.hwi.listen.port </name>
  <value>9999</value>
 </property>
 <property>
  <name> hive.hwi.war.file </name>
  <value>lib/hive-hwi-2.1.1.war</value>
 </property>
</configuration>
```

(7)把 Java 连接 MySQL 的驱动程序文件 mysql-connector-java-x.y.z-bin.jar(该文件可在安装 MySQL 的 lib 目录下找到,x.y.z 为版本号)复制到 hive 的 lib 目录。

```
[root@client ~]# cp /usr/local/mysql/lib/mysql-connector-java-5.1.42-bin.jar
/usr/cstor/hive/lib/        #复制文件
```

（8）初始化元数据库，启动 Hive，进入 Hive 运行时环境。

```
[root@client ~]# cd /usr/cstor/hive/        #进入 Hive 安装目录
[root@client hive ]# bin/schematool -dbType mysql -initSchema
#初始化元数据库
[root@client hive ]# bin/hive              #启动 Hive 进入 Hive 运行时环境
hive> show tables;                          #显示表
hive> show functions ;                      #显示所有函数
```

要确保 Hadoop 集群已经启动和 MySQL 服务运行正常才可以启动 Hive。

至此 Hive 的本地模式部署完成，远程模式的安装与本地模式类似，最主要的区别是在 hive-site.xml 配置文件中修改 localhost 为远程 MySQL 数据库的 IP 地址（远程模式下 MySQL 数据库和 Hive 运行在不同物理机器上）。将上面的本地模式安装做如下修改即可实现远程模式安装。

切换到 Hive 的 conf 目录，编辑 hive-site.xml 文件。

```
[root@client ~]# cd /usr/cstor/hive/conf/    #切换到 Hive 的 conf 目录
[root@client conf]# vim hive-site.xml        #编辑 hive-site.xml 文件
```

修改 javax.jdo.option.ConnectionURL 的属性值，修改后的属性值如下（host 为远程安装 MySQL 数据库机器的 IP 地址）。

<value>jdbc:mysql://host:3306/HiveDB?createDatabaseIfNotExist=true</value>

4.3 Hive 配置

完成 Hive 基本安装后，还需要做设定 Hive 参数等配置工作，配置可以调优 HQL 代码执行效率。Hive 启动时会读取相关配置信息，Hive 的配置文件放在 conf 子目录下，经常需要根据特定需求进行修改。涉及 Hive 的配置文件主要有两个，分别是文件 hive-env.sh 和 hive-site.xml。

1. 文件 hive-env.sh

在文件 hive-env.sh 中指定 Hadoop 安装路径，编辑文件 hive-env.sh 的方法参考 4.2.2 的第 4 步。

2. 文件 hive-site.xml

文件 hive-site.xml 保存 Hive 运行时所需要的相关配置参数。HIVE_HOME/conf 目录中的文件 hive-default.xml.template 保存着各个配置参数的默认值,用户可以通过在 conf 目录中创建 hive-site.xml 并新增特定参数的值来覆盖默认值。每次启动 Hive 时其参数值都是不变的。hive-site.xml 文件中包括以下主要配置项。

- 属性 hive.exec.scratchdir：Hive 操作访问 HDFS 时存储临时数据的目录，默认为/tmp/目录，目录权限设置为 733。
- 属性 hive.metastore.warehouse.dir：执行 Hive 操作的数据存储目录，设置为 HDFS 存储路径 hdfs://master_hostname:port/hive/warehouse。
- 属性 javax.jdo.option.ConnectionURL：设置 Hive 通过 JDBC 模式连接 MySQL 数据库存储 metastore 元数据内容，属性值为 jdbc:mysql://host/database_name?createDatabaseIfNotExist=true。
- 属性 javax.jdo.option.ConnectionDriverName：设置 Hive 连接 MySQL 数据库的驱动名称，属性值为 com.mysql.jdbc.Driver。
- 属性 javax.jdo.option.ConnectionUserName：设置 Hive 连接存储 metastore 内容的数据库的用户名。
- 属性 javax.jdo.option.ConnectionPassword：设置 Hive 连接存储 metastore 元数据内容的数据库的密码。
- 属性 javax.jdo.option.Multithreaded：是否允许 Hive 与 MySQL 之间存在多条连接，设置为 true，表示允许。

有时需要更改 hive-site.xml 文件中的配置属性，更改方法有以下几种：

（1）直接用命令 vim hive-site.xml 编辑 hive-site.xml 文件。

（2）使用带-hiveconf 选项的 Hive 命令。

该方法在进入 Hive 会话之前进行。如在进入 Hive 会话之前要显示 Hive 表，命令如下：

[root@client hive]# bin/hive -e 'show tables;'

```
[root@client hive]# bin/hive -e 'show tables;'
which: no hbase in (/usr/local/sbin:/usr/local/bin:/us
79//jre/bin:/usr/cstor/hadoop/bin:/root/bin)
SLF4J: Class path contains multiple SLF4J bindings.
SLF4J: Found binding in [jar:file:/usr/cstor/hive/lib/
ass]
SLF4J: Found binding in [jar:file:/usr/cstor/hadoop/sh
taticLoggerBinder.class]
SLF4J: See http://www.slf4j.org/codes.html#multiple_bi
SLF4J: Actual binding is of type [org.apache.logging.s

Logging initialized using configuration in jar:file:/u
Async: true
OK
department
employee
invites
mytable
pokes
stu_tb3
```

（3）使用 set 命令。

该方法称为运行时配置（Runtime Configuration），是在 Hive 特定会话中修改相关配置信息。如建立桶表之前要设定 Hive 能够识别桶，命令如下：

```
hive>set hive.enforce.bucking=true;
```

若要在当前 Hive 会话中查看任何属性的值，则只在 set 命令后指定属性名，如要输出 hive.enforce.bucking 的属性值则用如下命令：

```
hive>set hive.enforce.bucking;
hive.enforce.bucking=true
```

若 set 命令后不带任何参数，则会输出所有与 Hive 相关的属性名及其对应属性值，以及 Hadoop 中被 Hive 修改的相关默认属性及属性值。

下面列举 Hive 属性设置方法，优先级由高到低，即前面的属性值修改操作会覆盖后面的属性值。

（1）Hive SET 命令。
（2）使用--hiveconf 选项为整个会话设置参数。
（3）编辑 hive-site.xml 文件。
（4）编辑 hive-default.xml 文件。
（5）编辑 hadoop-site.xml 文件及其相关文件（如 core-site.xml、hdfs-site.xml、mapred-site.xml）。
（6）编辑 hadoop-default.xml 文件及其相关文件（如 core-default.xml、hdfs-default.xml、mapred-default.xml）。

4.4 Hive 接口

针对不同的上层应用，Hive 主要提供 Hive Shell 接口、Hive Web 接口、Hive API 接口、Hcatalog 接口、Pig 接口和 Beeline 接口等。关于 Hcatalog 接口、Pig 接口和 Beeline 接口限于篇幅不再讲解，Hive API 面向使用 Java 或 Python 编程的数据分析师，通过该接口，编程人员可编写函数库中没有的复杂查询语句，但编好的用户自定义函数执行时，一般依旧是在 Hive Shell 接口执行。下面主要介绍 Hive Shell 接口和 Hive Web 接口。

4.4.1 Hive Shell 接口

Hive Shell 接口运行在 Hadoop 集群环境上，提供在 Hive Shell 下执

行类 SQL 命令的相关 HiveQL 操作环境，是 Hive 提供的标准接口，也是开发者最常用的命令行接口。

在 Hive 提示符后输入 HiveQL 命令，Hive Shell 把 HiveQL 查询转换为一系列 MapReduce 作业对任务进行并行处理，然后返回处理结果。通过 Shell 接口，程序员和分析师很容易编写 HiveQL 来实现新建表和查询表操作。

安装完 Hive 后，输入"<HIVE_HOME>/bin/hive"或者"hive --service cli"并回车即可启动 Hive Shell。初次在 Hive Shell 下执行命令，会在执行命令操作的机器上创建 metastore 数据库（数据库在运行 hive 命令的相应路径下创建一个名为 metastore_db 的目录用于存储数据描述文件）。

```
[root@client hive]# ll
total 84
-rw-r--r-- 1 root root 29003 Nov 29  2016 LICENSE
-rw-r--r-- 1 root root   578 Nov 29  2016 NOTICE
-rw-r--r-- 1 root root  4122 Nov 29  2016 README.txt
-rw-r--r-- 1 root root 18501 Nov 30  2016 RELEASE_NOTES.txt
drwxr-xr-x 9 root root   171 Aug 11 10:49 apache-hive-2.1.1-bin
drwxr-xr-x 3 root root   209 Aug 11 11:03 bin
drwxr-xr-x 2 root root  4096 Aug 11 11:06 conf
-rw-r--r-- 1 root root   642 Aug 11 10:59 derby.log
drwxr-xr-x 4 root root    34 Aug 10 17:51 examples
drwxr-xr-x 7 root root    68 Aug 10 17:51 hcatalog
drwxr-xr-x 2 root root    44 Aug 10 17:51 jdbc
drwxr-xr-x 4 root root  8192 Aug 11 11:42 lib
drwxr-xr-x 5 root root   133 Aug 11 10:59 metastore_db
drwxr-xr-x 4 root root    35 Aug 10 17:51 scripts
```

Hive Shell 操作有如下特点：

（1）命令必须以分号";"结束，通知 Hive 开始执行相应的操作。

（2）命令不要求大小写敏感（除了进行字符串比较相关操作），因此，命令"show table;"将会产生与"SHOW TABLE;"相同的输出结果。

（3）支持 Tab 键命令自动补全功能，如在 hive>提示符后输入 SH 或 SHO 按下 Tab 键会自动补齐为 show，如图所示，输入 show ta 按下 Tab 键会显示所有可能的命令。

```
hive> show ta
table        tables        tablesample    tan(
```

（4）默认会输出执行过程信息，如执行查询操作所用时间，通过指定-S 选项可以禁止输出此类信息，只输出 HiveQL 执行结果。

Hive Shell 的常用命令如下：

（1）清屏。

按组合键【Ctrl+L】或 clear。

（2）查看数据库中的表。

hive> show tables;

（3）查看数据库中的内置函数。

hive> show functions;

（4）查看表结构。

输入 desc <表名>，比如查看 mytable 表的结构。

hive> desc mytable;

（5）查看 HDFS 上的文件。

比如查看默认存储路径下的内容。

hive> dfs -ls /user/hive/warehouse;

（6）执行操作系统的命令，比如查看当前目录。

hive> !pwd;

4.4.2　Hive Web 接口

Hive Web 接口简称 HWI（Hive Web Interface），是 Hive Shell 接口的一个替代方案（图形化实现），提供了更直观的 Web 界面，适合数据分析或数据运营人员做即席查询。用户通过浏览器来访问和操作 Hive 服务端，可以查看 Hive 数据库模式，执行 HiveQL 相关操作命令。在浏览器的地址栏输入 http://<IP 地址>:9999/hwi/并按 Enter 键访问 Hive Web 管理接口。

1. 配置 HWI

（1）打包 war 文件。HWI 的运行需要依赖$HIVE_HOME/lib 目录下的 hive-hwi-2.1.1.jar 和 hive-hwi-2.1.1.war 包。采用 4.2.3Hive 部署后，$HIVE_HOME/lib 目录下已经存在 hive-hwi-2.1.1.jar 包，但没有 hive-hwi-2.1.1.war 包，需要下载 Hive 的源码包并解压，然后进入解压后生成的目录下的 hwi/web 目录，将该目录下的文件夹和文件压缩成 zip 包，再重命名为 hive-hwi-2.1.1.war，放到$HIVE_HOME/lib 目录中。

```
[root@client ~]# cd /root/tools/
[root@client tools]# ll
[root@client tools]# tar -zxvf apache-hive-2.1.1-src.tar.gz
```

```
[root@client ~]# cd /root/tools/
[root@client tools]# ll
total 165264
-rw-r--r-- 1 root root 149756462 Mar 28 08:54 apache-hive-2.1.1-bin.tar.gz
drwxr-xr-x 38 root root      4096 Aug 10 20:15 apache-hive-2.1.1-src
-rw-r--r-- 1 root root  19466965 Apr  9 19:52 apache-hive-2.1.1-src.tar.gz
[root@client tools]# tar -zxvf apache-hive-2.1.1-src.tar.gz
```

[root@client tools]# cd apache-hive-2.1.1-src
[root@client apache-hive-2.1.1-src]# cd hwi/web
[root@client web]# ll
[root@client web]# yum -y install zip
[root@client web]# zip -rq hive-hwi-2.1.1.war *

```
[root@client web]# zip -rq hive-hwi-2.1.1.war *
[root@client web]# ll
total 128
drwxr-xr-x 2 root root      21 Aug 10 20:15 WEB-INF
-rw-r--r-- 1 root root    2729 Nov 29  2016 authorize.jsp
drwxr-xr-x 2 root root      31 Aug 10 20:15 css
-rw-r--r-- 1 root root    2365 Nov 29  2016 diagnostics.jsp
-rw-r--r-- 1 root root    1867 Nov 29  2016 error_page.jsp
-rw-r--r-- 1 root root   48906 Aug 10 20:22 hive-hwi-2.1.1.war
drwxr-xr-x 2 root root      76 Aug 10 20:15 img
```

[root@client web]# cp hive-hwi-2.1.1.war   /usr/cstor/hive/lib
[root@client web]# cd /usr/cstor/hive/lib
[root@client lib]# ll

（2）copy 相关 jar 文件到 $HIVE_HOME/lib 目录下，主要包括 tools.jar、jasper-compiler-5.5.23.jar、jasper-runtime-5.5.23.jar 和 commons-el-1.0.jar。tools.jar 在 JDK 安装目录的 lib 目录下，用如下命令复制到 $HIVE_HOME/lib 目录下。

[root@client tools]# cd /usr/cstor/hive/lib
[root@client lib]# cp /usr/local/jdk1.7.0_79/lib/tools.jar   /usr/cstor/hive/lib/

其他 jar 文件有时会默认已经存在，如果没有要自己下载并复制到 $HIVE_HOME/lib 目录下，在此不再详细介绍。

（3）修改 hive-site.xml 配置文件。

[root@client ~]# cd /usr/cstor/hive/conf
[root@client conf]# vim hive-site.xml

在配置文件 hive-site.xml 中添加下列属性设置。

```
<property>
    <name> hive.hwi.listen.host </name>
    <value>0.0.0.0</value>
    <description>HWI 服务运行的主机 </description>
```

```
</property>
<property>
    <name> hive.hwi.listen.port </name>
    <value>9999</value>
    <description>HWI 服务运行的端口 </description>
</property>
<property>
    <name> hive.hwi.war.file </name>
    <value>lib/hive-hwi-2.1.1.war</value>
    <description>HWI 服务运行的 WAR 包路径 </description>
</property>
```

2. 启动 HWI 服务

在命令行下输入"hive --service hwi"启动 Hive Web 管理方式，当出现如图 4-9 所示的运行结果说明 hwi 服务正常启动（10.30.190.19 为 Hive 所在主机的 IP 地址），在浏览器的地址栏输入 http://10.30.190.19:9999/hwi/并按 Enter 键访问 Hive Web 管理接口（9999 为 Hive 服务使用的端口），Hive Web 界面如图 4-10 所示。在启动之前要确保 Hadoop 集群能正常使用，MySQL 服务器能正常访问及 Hive 能正常使用。

```
[root@client ~]# cd /usr/cstor/hive
[root@client hive]# bin/hive --service hwi
[root@client hive]# bin/hive --service hwi
17/08/14 10:56:19 INFO hwi.HWIServer: HWI is starting up
17/08/14 10:56:20 INFO mortbay.log: Logging to org.slf4j.impl.Log4jLoggerAdapter(org.r
17/08/14 10:56:20 INFO mortbay.log: jetty-6.1.26
17/08/14 10:56:20 INFO mortbay.log: Extract /usr/cstor/hive/lib/hive-hwi-1.2.1.war to
/webapp
17/08/14 10:56:20 INFO mortbay.log: Started SocketConnector@10.30.190.19:9999
```

图 4-9　正常启动 HWI

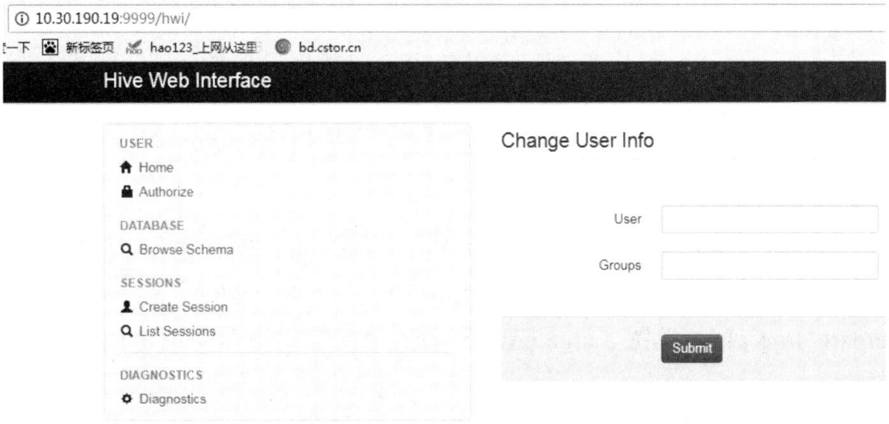

图 4-10　Hive Web 界面

启动 Hive Web 界面后首先要完成用户信息认证，然后就可以创建 Hive 会话执行查询或浏览数据库等操作。

4.5 Hive SQL

Hive 定义了简单的类 SQL 查询语句，称 HiveQL，与大部分的 SQL 语法兼容，方便熟悉 SQL 的开发者使用 Hive 进行开发和处理复杂的分析工作，还可以利用 HQL 进行用户查询。不过，由于 Hive 本质上相当于 MapReduce 和 HDFS 的翻译终端，必然有其独特之处，比如 HiveQL 不支持更新操作，所有数据都是在加载的时候确定的，再比如 HiveQL 中有 MAP 和 REDUCE 子句等。

4.5.1 数据类型

Hive 实际上是一个数据仓库，而数据仓库的本质是数据库，所以可以在 Hive 里创建表，用表保存数据。既然可以创建表，那么表中就有相应的列，就要定义列的数据类型。

Hive 支持基本类型和复杂类型，基本类型包括如下几种。

（1）整数类型：tinyint/smallint/int/bigint。

（2）浮点数类型：float/double/dicemal。

（3）布尔类型：boolean。

（4）字符串类型：string/varchar/char。

复杂类型包括如下几种。

（1）Array：数组类型，由一系列相同数据类型的元素组成。

（2）Map：集合类型，包括 Key-Value 键值对，可以通过 Key 来访问元素。

（3）Struct：结构类型，可以包含不同数据类型的元素，这些元素可以通过"点语法"的方式来得到所需要的元素。

4.5.2 DDL 语句

常见的 DDL 操作（Data Definition Language，数据定义语言）包括 create/drop/alter 数据库、create/drop/truncate 表、alter 表/分区/列、create/drop/alter 视图、create/drop 函数等内容。下面介绍常用的 DDL 语句。

注意本节不特别说明时，都使用默认存储路径"user/hive/warehouse"（表数据存储路径可以通过修改配置文件 hive-site.xml 中的${hive.metastore.

warehouse.dir}参数改变)。

1. create/drop/alter 数据库

Hive 数据库本质上是一个目录或命名空间,用于解决表命名冲突,Hive 支持创建多个不同的命名空间,使不同用户或应用程序可以分别位于不同的命名空间或模式中执行各自的操作而互不影响。

Hive 数据库类似传统数据库 DataBase,在元数据库里实际是一张表,对应于 HDFS 上的数据仓库目录下是一个文件夹。Hive 默认的数据库是 default。

(1)创建数据库

任务:创建名为 mydb 和 db1 的两个数据库,并验证在默认存储路径"/user/hive/warehouse"下有无对应目录(通过在命令行直接执行 HDFS 命令"dfs –ls 路径"查看 Hadoop 上的文件来验证)。

关键操作步骤及命令结果:

```
hive> create database mydb;              #创建数据库 mydb
hive> create database db1;               #创建数据库 db1
hive> dfs -ls /user/hive/warehouse;      #查看 HDFS 下对应目录
```

```
hive> dfs -ls /user/hive/warehouse;
Found 2 items
drwxrwxr-x   - root supergroup          0 2017-08-11 11:51 /user/hive/warehouse/db1.db
drwxrwxr-x   - root supergroup          0 2017-08-11 11:50 /user/hive/warehouse/mydb.db
```

如果不希望将数据库存储在默认路径下,可以在创建数据库时用 location 关键字指定存储路径。

任务:创建名为 db2 的数据库,存储在 HDFS 的/user/hive 下。

关键操作步骤及命令结果:

```
hive> create database db2 location '/user/hive';
#在指定路径/user/hive 创建数据库 db2
hive> describe database db2;             #查看数据库信息
```

```
hive> describe database db2;
OK
db2                hdfs://master:8020/user/hive    root    USER
Time taken: 0.209 seconds, Fetched: 1 row(s)
```

(2)查看数据库信息

用 describe database 后跟数据库名查看数据库信息。

任务:查看 db1 数据库信息。

关键操作步骤及命令结果:

```
hive> describe database db1;
```

```
hive> describe database db1;
OK
db1             hdfs://master:8020/user/hive/warehouse/db1.db    root    USER
```

（3）打开数据库

任务：切换到数据库 db1，然后再切换到默认数据库 default。

关键操作步骤及命令结果：

hive>use db1;	**#切换到 db1 数据库**
hive>use default;	**#切换到 default 数据库**

use 命令设定当前工作数据库，类似于操作系统中切换当前工作目录。

default 是 Hive 默认的数据库，在不使用 hive>use <数据库名>设定数据库的情况下默认在数据库 default 中操作。

（4）删除数据库

任务：删除数据库 db1 并验证。

关键操作步骤及命令结果：

hive>drop database if exists db1;	**#删除 db1 数据库**
hive> dfs -ls /user/hive/warehouse;	**#验证删除操作**

```
hive> dfs -ls /user/hive/warehouse;
Found 1 items
drwxrwxr-x   - root supergroup          0 2017-08-11 11:50 /user/hive/warehouse/mydb.db
```

删除 db1 数据库的实质是删除其位于 HDFS 上的 db1.db 目录。

通常使用创建命令时，加 if not exists 可选项实现目标对象不存在时，才执行创建操作，否则抛出异常；在用删除命令时加 if exists 可选项，实现目标对象存在时才执行删除操作，否则抛出异常。

2. create/drop/truncate 表

Hive 表逻辑上包括两部分，分别为数据和用于描述数据在表中布局的元数据，数据存储在 Hadoop 文件系统中，Hive 元数据存储在关系数据库中。

创建表（除外部表）实现在数据仓库目录创建一个子目录，导入数据到 Hive 表的过程是将数据移动（数据在 HDFS 上）或复制（数据在本地文件系统中）到 Hive 表所在的 HDFS 目录中。比如当创建一个内部表 mytable，则 Hive 在数据仓库目录（默认位置/user/hive/warehouse）下创建子目录 mytable，mytable 表中数据存储在 mytable 目录下。若在创建 Hive 表的过程中未指定任何数据库名，则 Hive 表属于 default 数据库实例。

任务：在本地文件系统的/home 下建立文本文件 stu.txt，文件内容如图 4-11 所示（注意各项之间用【Tab】键分隔）。创建表 mytable，导入 stu.txt 表中数据，验证 mytable 表中数据与 stu.txt 文件中的数据一致。

```
1     xs1    female   21
2     xs2    male     21
3     xs3    female   22
4     xs4    male     20
5     xs5    female   21
6     xs6    male     22
7     xs7    male     21
8     xs8    female   22
9     xs9    female   23
10    xs10   male     20
```

图 4-11　文本文件 stu.txt 中数据

关键操作步骤及命令结果：

```
hive>create table mytable(id int,name string,gender string,age int) row format delimited fields terminated by '\t';        #创建表
hive>load data local inpath '/home/stu.txt' overwrite into table mytable;
#将本地文件 stu.txt 中的数据导入到表 mytable 中
hive> dfs -ls /user/hive/warehouse;        #查看 HDFS 下对应目录
hive>select * from mytable;                #查询表 mytable 中数据
```

```
hive> select * from mytable;
OK
1     xs1    female   21
2     xs2    male     21
3     xs3    female   22
4     xs4    male     20
5     xs5    female   21
6     xs6    male     22
7     xs7    male     21
8     xs8    female   22
9     xs9    female   23
10    xs10   male     20
NULL  NULL   NULL     NULL
Time taken: 0.999 seconds, Fetched: 11 row(s)
```

（1）创建表

任务：创建内部表 tb1，有三个字段：第一列名为 id，数据类型为 int，第二列名为 name，数据类型为 string，并验证存储在默认目录下。

提示：location 关键字指定表数据在 HDFS 的存储位置。

关键操作步骤及命令结果：

```
hive> create table tb1(id int,name string);        #创建表
hive> dfs -ls /user/hive/warehouse;                #验证创建操作
```

```
drwxrwxr-x   - root supergroup          0 2017-08-11 12:20 /user/hive/warehouse/tb1
```

任务：在指定路径'/user/hive'创建表 tb2，并验证表 tb2 存储在指定路径。

关键操作步骤及命令结果：

```
hive> create table tb2(id int,name string)    location '/user/hive/tb2';
#创建表且存储在指定路径
hive> dfs -lsr /user/hive;                        #验证创建操作
```

```
drwxr-xr-x   - root supergroup          0 2017-08-11 12:21 /user/hive/tb2
```

任务：创建表 tb3，且在创建的同时加载数据（表 mytable 中所有数据），数据间用逗号","分隔，并验证。

提示：**row format delimited fields terminated by** 子句指定列分隔符，默认分隔符为【Tab】键。用命令 dfs -cat 进行验证。

关键操作步骤及命令结果：

hive> create table tb3 row format delimited fields terminated by ',' AS select * from mytable;

```
hive> create table tb3 row format delimited fields terminated by ','  AS select * from mytable;
WARNING: Hive-on-MR is deprecated in Hive 2 and may not be available in the future versions. Cor
 a different execution engine (i.e. tez, spark) or using Hive 1.X releases.
Query ID = root_20170811122302_39e9d945-ce1a-4bfd-b53d-260de1cab059
Total jobs = 3
Launching Job 1 out of 3
Number of reduce tasks is set to 0 since there's no reduce operator
Job running in-process (local Hadoop)
2017-08-11 12:23:05,001 Stage-1 map = 100%,  reduce = 0%
Ended Job = job_local1439164963_0001
Stage-4 is selected by condition resolver.
Stage-3 is filtered out by condition resolver.
Stage-5 is filtered out by condition resolver.
Moving data to directory hdfs://master:8020/user/hive/warehouse/.hive-staging_hive_2017-08-11_1:
5942501586777504367-1/-ext-10002
Moving data to directory hdfs://master:8020/user/hive/warehouse/tb3
MapReduce Jobs Launched:
Stage-Stage-1:  HDFS Read: 306 HDFS Write: 385 SUCCESS
Total MapReduce CPU Time Spent: 0 msec
OK
Time taken: 2.613 seconds
hive>
```

hive> dfs -lsr /user/hive/warehouse;

```
drwxrwxr-x   - root supergroup          0 2017-08-11 12:23 /user/hive/warehouse/tb3
-rwxrwxr-x   3 root supergroup        164 2017-08-11 12:23 /user/hive/warehouse/tb3/000000_0
```

hive> dfs -cat /user/hive/warehouse/tb3/000000_0;

```
hive> dfs -cat /user/hive/warehouse/tb3/000000_0;
1,xs1,female,21
2,xs2,male,21
3,xs3,female,22
4,xs4,male,20
5,xs5,female,21
6,xs6,male,22
7,xs7,male,21
8,xs8,female,22
9,xs9,female,23
10,xs10,male,20
```

上述命令在创建表的同时加载 select 语句的查询结果数据（创建表和数据加载同时完成），row format delimited fields terminated by 子句指定列分隔符。"/user/hive/warehouse/tb3"是创建 tb3 表后自动在 HDFS 上建立的目录，"/user/hive/warehouse/tb3/000000_0"是在 tb3 表中导入数据后自动建立的存储数据文件。

创建表过程中输出的大段代码为 Hive 在执行 HQL 语句时 HQL 语句翻译成 MapReduce 作业的对应代码，在此列出让读者感受 Hive 的实质是 HDFS 和 MapReduce 的翻译终端。

任务：创建分区表 tb_part（分区字段 gender sting）；显示 tb_part 表列以验证创建了分区字段；将 mytable 表中 gender 值为'male'的数据插入分区 gender='M'中；查询 tb_part 表，列出表中所有数据；查看 HDFS 上的文件以验证 gender='M'分区中存储了数据。

关键操作步骤及命令结果：

```
hive> create table tb_part(id int,name string,age int) partitioned by(gender string) row format delimited fields terminated by ',';    #创建分区表
hive> desc   tb_part;                                      #显示 tb_part 表列
```

```
hive> desc   tb_part;
OK
id                      int
name                    string
age                     int
gender                  string

# Partition Information
# col_name              data_type               comment

gender                  string
Time taken: 0.086 seconds, Fetched: 9 row(s)
```

```
hive> insert overwrite table tb_part partition(gender='M')
select id,name, age   from mytable where gender='male';
#向分区表 tb_part 的 gender='M'分区导入数据
hive> select * from tb_part;    #查询表 tb_part
```

```
hive> select * from tb_part;
OK
2       xs2     21      M
4       xs4     20      M
6       xs6     22      M
7       xs7     21      M
10      xs10    20      M
```

```
hive> dfs -lsr /user/hive/warehouse;              #查看数据仓库下的分区目录
```

```
drwxrwxr-x   - root supergroup          0 2017-08-11 12:29 /user/hive/warehouse/tb_part
drwxrwxr-x   - root supergroup          0 2017-08-11 12:29 /user/hive/warehouse/tb_part/gender=M
-rwxrwxr-x   3 root supergroup         47 2017-08-11 12:29 /user/hive/warehouse/tb_part/gender=M/000000_0
```

```
hive> dfs -cat /user/hive/warehouse/tb_part/gender=M/000000_0;
#查看数据仓库下分区数据存储
```

```
hive> dfs -cat /user/hive/warehouse/tb_part/gender=M/000000_0;
2,xs2,21
4,xs4,20
6,xs6,22
7,xs7,21
10,xs10,20
```

在创建分区表 tb_part 并导入数据后，在 HDFS 上会建立相应的目录（/user/hive/warehouse/tb_part 和/user/hive/warehouse/tb_part/gender=M）和文件（/user/hive/warehouse/tb_part/gender=M/000000_0）。Insert 命令中使用 overwrite 会覆盖表或分区中的原有数据。

任务：创建桶表 tb_bucket，按 age 分 2 个桶；向桶中插入数据，通过显示 tb_bucket 表中数据、warehouse 目录下的内容和每个桶中的数据进行验证。做抽样查询，查询 2 个桶中的第 1 个桶，即 000000_0 文件。

关键操作步骤及命令结果：

```
hive> set hive.enforce.bucketing=true;   #更改属性设置使 Hive 能识别桶
hive> create table tb_bucket(id int,name string,gender string,age int)
clustered by(age) sorted by(gender) into 2 buckets row format delimited
fields terminated by ',';                #创建桶表
hive> insert into table tb_bucket   select id,name,gender,age from mytable;
#向桶表 tb_bucket 中导入数据
hive> dfs -lsr /user/hive/warehouse;     #查看 HDFS 下对应存储目录

drwxrwxr-x   - root supergroup          0 2017-08-11 12:32 /user/hive/warehouse/tb_bucket
-rwxrwxr-x   3 root supergroup         88 2017-08-11 12:32 /user/hive/warehouse/tb_bucket/000000_0
-rwxrwxr-x   3 root supergroup         76 2017-08-11 12:32 /user/hive/warehouse/tb_bucket/000001_0

hive> select * from tb_bucket;           #查询桶表 tb_bucket

hive> select * from tb_bucket;
OK
8       xs8     female  22
3       xs3     female  22
10      xs10    male    20
6       xs6     male    22
4       xs4     male    20
9       xs9     female  23
5       xs5     female  21
1       xs1     female  21
7       xs7     male    21
2       xs2     male    21

hive> dfs -cat /user/hive/warehouse/tb_bucket/000000_0;
#查看数据仓库下分桶数据存储

hive> dfs -cat /user/hive/warehouse/tb_bucket/000000_0;
8,xs8,female,22
3,xs3,female,22
10,xs10,male,20
6,xs6,male,22
4,xs4,male,20

hive> dfs -cat /user/hive/warehouse/tb_bucket/000001_0;
#查看数据仓库下分桶数据存储
```

```
hive> dfs -cat /user/hive/warehouse/tb_bucket/000001_0;
9,xs9,female,23
5,xs5,female,21
1,xs1,female,21
7,xs7,male,21
2,xs2,male,21
```

hive>select * from tb_bucket tablesample (bucket 1 out of 2 on age);
#对桶取样操作

```
hive> select * from tb_bucket tablesample (bucket 1 out of 2 on age);
OK
8       xs8     female  22
3       xs3     female  22
10      xs10    male    20
6       xs6     male    22
4       xs4     male    20
```

在建立桶之前，需要设置"hive.enforce.bucketing"属性为 true，使 Hive 能够识别桶，使用命令"hive> set hive.enforce.bucketing=true;"完成。

在向分桶表 tb_bucket 导入数据时，Insert 命令中使用 into 会以追加的方式添加查询结果数据。建立分桶表并导入数据后，在 HDFS 上会建立相应的目录"/user/hive/warehouse/tb_bucket"和文件"/user/hive/warehouse/tb_bucket/000000_0"（存储了年龄 20 和 22 的数据）和"/user/hive/warehouse/tb_bucket/000001_0"（存储了年龄 21 和 23 的数据）。

hive 创建内部表时，会将数据移动到数据仓库指向的路径；若创建外部表，仅记录数据所在的路径，不对数据的位置做任何改变。

任务：创建外部表 tb_ext，指向"/root/data/xsxx.txt"文件，并查看数据仓库目录（创建 tb_ext 前先建立文本文件 xsxx.txt）。

关键操作步骤及命令结果：

hive> create external table tb_ext(id int,name string,gender string,age int)
row format delimited fields terminated by '\t'
location '/root/data/xsxx.txt';   #创建外部表
hive> show tables;   #显示表

任务：在 mydb 数据库中创建表 tb4，其结构与表默认数据库中的 tb1 结构相同；验证 mydb 数据库中包含 tb4 文件，且其结构与 tb1 结构相同。

关键操作步骤及命令结果：

hive> create table mydb.tb4 like tb1;   #在指定数据库 mydb 中创建表 tb4
hive> use mydb;   #打开指定数据库 mydb
hive> show tables;   #显示当前数据库 mydb 中的表
hive> desc tb4;   #显示 tb4 表列

```
hive> use default;                          #打开默认数据库 default
hive> desc tb1;                             #显示 tb1 表列
```

```
hive> create table mydb.tb4 like tb1;
OK
Time taken: 0.12 seconds
hive> use mydb;
OK
Time taken: 0.019 seconds
hive> show tables;
OK
tb4
Time taken: 0.03 seconds, Fetched: 1 row(s)
hive> desc tb4;
OK
id                      int
name                    string
Time taken: 0.073 seconds, Fetched: 2 row(s)
hive> use default;
OK
Time taken: 0.02 seconds
hive> desc tb1;
OK
id                      int
name                    string
Time taken: 0.068 seconds, Fetched: 2 row(s)
```

创建表时，在表名前加".数据库名"可指定表所属的数据库，否则在默认数据库中创建。若要创建的表与已有表结构相同，可以在创建表时加关键字 like，like 关键字实现只复制表定义，不复制表数据。

（2）显示表

使用 show tables 命令查看数据库中的所有表对象。

```
hive>use mydb;
hive>show tables;
hive>use default;
hive>show tables;
hive>show tables 'tb* ';                    #显示 tb_开头的所有表
```

Hive 支持正则查询，show tables 'tb*';命令输出以"tb"开始的所有表。

（3）显示表列

使用 describe 命令显示表中定义的列（字段），可以只输入 describe 的前四个字母 desc，下列两个命令的功能相同。

```
hive>describe tb_part;                      #显示 tb_part 表列
hive>desc tb_part;                          #显示 tb_part 表列
```

（4）截断表

截断表是删除表中所有行，当前只支持内部表，否则会抛出异常。

```
hive> select * from tb3;
hive> truncate table tb3;            #删除 tb3 表中所有行
hive> select * from tb3;
```

```
hive> select * from tb3;
OK
1       xs1     female  21
2       xs2     male    21
3       xs3     female  22
4       xs4     male    20
5       xs5     female  21
6       xs6     male    22
7       xs7     male    21
8       xs8     female  22
9       xs9     female  23
10      xs10    male    20
NULL    NULL    NULL    NULL
Time taken: 0.132 seconds, Fetched: 11 row(s)
hive> truncate table tb3;
OK
Time taken: 0.148 seconds
hive> select * from tb3;
OK
Time taken: 0.126 seconds
```

（5）删除表

```
hive>drop table if exists tb1;
```

在用删除命令时加 if exists 可选项，实现在目标对象存在时才执行删除操作，否则抛出异常。

在删除表时，内部表的元数据和数据会被一起删除，而外部表只删除元数据，不删除数据，如果只需要删除外部表数据，而保留表名，可以在 HDFS 上用 dfs-rm 删除数据文件。

3. alter 表/分区/列

修改操作使用 alter table 命令，可以改变现有表、分区或列的结构信息，包括增加列/分区、表重命名、修改特定分区或列的属性信息等。

（1）更改表名

任务：将表 tb3 重命名为 stu_tb3，查看数据仓库目录数据存储验证更改。

关键操作步骤及命令结果：

```
hive> show tables;                              #显示表
hive> alter table tb3 rename to stu_tb3;        #更改表名
hive> show tables;                              #显示表
hive> dfs -lsr /user/hive/warehouse;            #查看改名后的数据仓库目录
```

```
hive> show tables;
OK
mytable
tb1
tb2
tb3
tb_bucket
tb_ext
tb_part
Time taken: 0.032 seconds, Fetched: 7 row(s)
hive> alter table tb3 rename to stu_tb3;
OK
Time taken: 0.156 seconds
hive> show tables;
OK
mytable
stu_tb3
tb1
tb2
tb_bucket
tb_ext
tb_part
Time taken: 0.029 seconds, Fetched: 7 row(s)
hive> dfs -lsr /user/hive/warehouse;
lsr: DEPRECATED: Please use 'ls -R' instead.
drwxrwxr-x   - root supergroup          0 2017-08-11 12:56 /user/hive/warehouse/stu_tb3
```

表重命名会同时改变其位于 HDFS 上的路径，上面的操作中表 tb3 改名为 stu_tb3 后，数据仓库中也由 tb3 目录更改为 stu_tb3 目录。

（2）增加列和列注释

在 alter 命令中加 add columns 和 comment 关键字实现在表中增加新的列和添加注释，新列出现在分区列之前。

任务：在 stu_tb3 表中新增列 score，类型 float，新增列 rank，类型 int，同时加注释"cong gao dao di pai ming"。

关键操作步骤及命令结果：

```
hive> alter table stu_tb3 add columns(score float);           #在表中新增列 score
hive> alter table stu_tb3 add columns(rank int comment 'cong gao dao di pai ming');   #在表中新增列 rank 并添加注释
hive> desc stu_tb3;                                            #显示表列
```

```
hive> alter table stu_tb3 add columns(rank int comment 'cong gao dao di pai ming');
OK
Time taken: 0.132 seconds
hive> desc stu_tb3;
OK
id                      int
name                    string
gender                  string
age                     int
score                   float
rank                    int                     cong gao dao di pai ming
Time taken: 0.077 seconds, Fetched: 6 row(s)
```

（3）修改列

在 alter table 命令中加关键字 change 修改列，修改列包括修改列的名称、列的数据类型、列的位置和列的注释，修改列名时，一定要同时指定数据类型。另外在命令中加 after 和 first 关键字定位列在某列之后或在第一列。

任务：创建表 tb_change，包含 a、b 和 c 三列；显示表列；修改列名 a 为 stu_a；显示表列验证修改；修改列名 stu_a 为 a，并出现在 b 列后；显示表列验证修改。

关键操作步骤及命令结果：

```
hive>create table tb_change (a int,b int, c int);        #创建表
hive> desc tb_change;                                    #显示表列
hive>alter table tb_change change a stu_a int;           #修改列名 a 为 stu_a
hive> desc tb_change;                                    #显示表列验证修改
hive> alter table tb_change change stu_a a string after b;
#修改列名 stu_a 为 a，并且出现在 b 列后（加 after 关键字）
hive> desc tb_change;                                    #显示表列验证修改
```

```
hive> create table tb_change (a int,b int, c int);
OK
Time taken: 0.089 seconds
hive> desc tb_change;
OK
a                       int
b                       int
c                       int
Time taken: 0.069 seconds, Fetched: 3 row(s)
hive> alter table tb_change change a stu_a int;
OK
Time taken: 0.132 seconds
hive> desc tb_change;
OK
stu_a                   int
b                       int
c                       int
Time taken: 0.069 seconds, Fetched: 3 row(s)
hive> alter table tb_change change stu_a a string after b;
OK
Time taken: 0.162 seconds
hive> desc tb_change;
OK
b                       int
a                       string
c                       int
Time taken: 0.073 seconds, Fetched: 3 row(s)
```

在 alter table 命令中加关键字 replace columns 可更改列名，而原有数据不发生改变，即数据不动。比如下面的命令在 tb_change 表中更改所有列名，而数据不变。

```
hive> alter table tb_change replace columns(stu_b int,stu_a string ,stu_c
int);                                   #修改列名
hive> desc tb_change;                   #显示表列验证修改
```

```
hive> alter table tb_change replace columns(stu_b int,stu_a string ,stu_c int);
OK
Time taken: 0.136 seconds
hive> desc tb_change;
OK
stu_b                   int
stu_a                   string
stu_c                   int
Time taken: 0.065 seconds, Fetched: 3 row(s)
```

在 alter table 命令中加关键字 replace columns 还可以实现删除列。比如下面的命令实现删除 tb_change 表的 stu_a 和 stu_b 两列。

hive> alter table tb_change replace columns (stu_c int);   #修改列
hive> desc tb_change;   #显示表列验证修改

```
hive> alter table tb_change replace columns (stu_c int);
OK
Time taken: 0.13 seconds
hive> desc tb_change;
OK
stu_c                   int
Time taken: 0.067 seconds, Fetched: 1 row(s)
```

（4）增加和删除分区

任务：在 tb_part 表中添加一个分区 gender='F'，查看 tb_part 表的分区验证是否添加分区；向分区 gender='F'中导入数据，查看数据仓库目录变化；查看分区 gender='F'中的数据；删除 gender='M'分区，查看表分区和数据仓库目录，验证分区 gender='M'被删除。

关键操作步骤及命令结果：

hive>show partitions tb_part;   #查看增加分区前 tb_part 中的分区
hive> alter table tb_part add partition (gender='F');
#在分区表 tb_part 中增加 gender='F'分区
hive>show partitions tb_part;   #查看增加分区后表 tb_part 中的分区

```
hive> show partitions tb_part;
OK
gender=M
Time taken: 0.15 seconds, Fetched: 1 row(s)
hive> alter table tb_part add partition (gender='F');
OK
Time taken: 0.158 seconds
hive> show partitions tb_part;
OK
gender=F
gender=M
Time taken: 0.152 seconds, Fetched: 2 row(s)
```

hive> insert overwrite table tb_part partition(gender='F')   select id,name, age from mytable where gender='female';
#向分区 gender='F'中导入数据
hive> dfs -lsr /user/hive/warehouse;   #查看数据仓库目录

```
drwxrwxr-x   - root supergroup      0 2017-08-11 13:16 /user/hive/warehouse/tb_part
drwxrwxr-x   - root supergroup      0 2017-08-11 13:17 /user/hive/warehouse/tb_part/gender=F
-rwxrwxr-x   3 root supergroup      0 2017-08-11 13:17 /user/hive/warehouse/tb_part/gender=F/000000_0
drwxrwxr-x   - root supergroup      0 2017-08-11 12:29 /user/hive/warehouse/tb_part/gender=M
-rwxrwxr-x   3 root supergroup     47 2017-08-11 12:29 /user/hive/warehouse/tb_part/gender=M/000000_0
```

```
hive> dfs -cat /user/hive/warehouse/tb_part/gender=F/000000_0;
#查看分区 gender='F'中的数据
```

```
hive> dfs -cat /user/hive/warehouse/tb_part/gender=F/000000_0;
1,xs1,21
3,xs3,22
5,xs5,21
8,xs8,22
9,xs9,23
```

```
hive> alter table tb_part drop if exists partition (gender='M');
#删除分区表 tb_part 中 gender='M'分区
hive>show partitions tb_part;            #查看删除分区后表 tb_part 中分区
hive> dfs -lsr /user/hive/warehouse;      #查看删除分区后数据仓库目录变化
```

```
hive> alter table tb_part drop if exists partition (gender='M');
Dropped the partition gender=M
OK
Time taken: 0.219 seconds
hive> show partitions tb_part;
OK
gender=F
Time taken: 0.116 seconds, Fetched: 1 row(s)

drwxrwxr-x   - root supergroup          0 2017-08-11 13:50 /user/hive/warehouse/tb_part
drwxrwxr-x   - root supergroup          0 2017-08-11 13:47 /user/hive/warehouse/tb_part/gender=F
-rwxrwxr-x   3 root supergroup         45 2017-08-11 13:47 /user/hive/warehouse/tb_part/gender=F/000000_0
```

注意分区是以字段的形式在表结构中存在，通过"describe <表名>"命令可以查看到字段存在，但是该字段不存放实际数据内容，仅仅是分区的表示（伪列），分区列的值会转化为文件夹存储路径。另外通常需要预先创建好分区，然后才能使用该分区。

4. Create/Drop/Alter 视图

Hive 只支持逻辑视图，不支持物理视图，建立视图可以在 MySQL 元数据库中看到创建的视图表，但是在 Hive 的数据仓库目录下没有相应的视图表目录。Hive 支持 RDBMS 视图的所有功能，包括创建、删除、修改视图。视图是只读的，视图结果在创建之初就确定，后续对与视图相关的表结构的修改不会反映到视图上。创建视图时若 select 子句执行失败，create view 创建视图操作也将会失败。

任务：创建视图 tb_view；查看创建的视图中数据；修改视图 tb_view；查看修改后的视图 tb_view；删除视图 tb_view。

关键操作步骤及命令结果：

```
hive> create view tb_view as select gender, avg(age) from mytable group
by gender;                                #创建视图
hive> select * from tb_view;              #查看创建的视图
```

```
hive> select * from tb_view;
WARNING: Hive-on-MR is deprecated in Hive 2 and may not be available in the
 a different execution engine (i.e. tez, spark) or using Hive 1.X releases.
Query ID = root_20170811135423_6eff19d3-a5bb-45b8-8b28-0e9b4dbc1604
Total jobs = 1
Launching Job 1 out of 1
Number of reduce tasks not specified. Estimated from input data size: 1
In order to change the average load for a reducer (in bytes):
  set hive.exec.reducers.bytes.per.reducer=<number>
In order to limit the maximum number of reducers:
  set hive.exec.reducers.max=<number>
In order to set a constant number of reducers:
  set mapreduce.job.reduces=<number>
Job running in-process (local Hadoop)
2017-08-11 13:54:25,268 Stage-1 map = 100%,  reduce = 100%
Ended Job = job_local506192263_0008
MapReduce Jobs Launched:
Stage-Stage-1:  HDFS Read: 7554 HDFS Write: 2494 SUCCESS
Total MapReduce CPU Time Spent: 0 msec
OK
NULL    NULL
female  21.8
male    20.8
Time taken: 1.564 seconds, Fetched: 3 row(s)
```

hive>drop view tb_view;   #删除视图

5. Hive 函数

Hive 中内置了许多函数，比如日期操作函数 day()、year()和 month()等，数值操作函数 sum()、avg()、max()、min()和 count()等。但在某些特殊场景下，可能还是需要自定义函数以满足特定功能，这时要用用户自定义函数 UDF，它接受单行输入，并产生单行输出。

Hive Shell 下，用下面的命令显示内置函数。

hive>show functions;

要显示函数的描述信息用 desc function <函数名>，比如下面的命令显示 sum()函数的描述信息。

hive>desc function sum;

```
hive> desc function sum;
OK
sum(x) - Returns the sum of a set of numbers
Time taken: 1.097 seconds, Fetched: 1 row(s)
```

Hive 只支持 Java 编写的 UDF，其他的编程语言只能通过 select transform 转化为流来与 Hive 交互。定义和使用 UDF 函数的流程如下。

（1）自定义一个 Java 类。

（2）继承 UDF 类。

（3）重写 evaluate 方法。

（4）打成 jar 包。

（5）进入 Hive 的 shell，用 add jar 命令把 jar 包导入 Hive 的环境变量里。

（6）用 create temporary function as 命令基于 jar 包中的类创建临时函数。

（7）HQL 中使用 UDF 函数。

4.5.3　DML 语句

DML（Data Manipulation Language，数据操作语言）操作包括将文件中的数据导入（load）到 Hive 表中、select 查询操作、将 select 查询结果插入 Hive 表中、将 select 查询结果写入文件等内容。下面分别介绍以上操作。

1. 将文件中的数据导入（load）到 Hive 表中

load 操作执行复制/移动命令，把数据文件复制/移动到 Hive 表位于 HDFS 上的目录中，并不会对数据内容执行格式检查或格式转换操作。如果文件位于本地，要使用 local 关键字，如果文件位于 HDFS 上则不加 local 关键字。加关键字 overwrite 会删除表中已有数据。

注意在向 Hive 表中导入数据前，首先要准备好要导入的数据。

任务：创建表 pokes 和 invites（包含分区字段 ds）；将本地系统文件 kv1.txt 中的数据导入到 pokes 表；将本地系统的文件 kv2.txt 中的数据导入到表 invites 的 ds='2017-03-20'分区；将存储于 HDFS 上的文件 kv3.txt 中的数据导入到表 invites 的 ds='2017-03-21'分区。

关键操作步骤及命令结果：

```
hive> create table pokes (foo int, bar string);            #创建表 pokes
hive> create table invites (foo int, bar string) partitioned by (ds string);
#创建表 invites，包含一个分区字段 ds
hive> load data local inpath '/home/kv1.txt' overwrite into table pokes;
#将本地文件    kv1.txt 中的数据导入到表 pokes 中
hive> load data local inpath '/home/kv2.txt' overwrite into table invites
partition (ds='2017-03-20');          #导入本地文件 kv2.txt 数据到表分区
hive> dfs -put /home/kv3.txt /user;       #上传文件 kv3.txt 到 HDFS 上
hive> load data   inpath '/user/kv3.txt' overwrite into table invites partition
(ds='2017-3-21');               #导入 HDFS 上文件数据到表分区
hive> dfs -lsr /user/hive/warehouse;        #查看数据仓库目录
```

```
hive> dfs -lsr /user/hive/warehouse;
lsr: DEPRECATED: Please use 'ls -R' instead.
drwxrwxr-x   - root supergroup          0 2017-08-11 14:07 /user/hive/warehouse/invites
drwxrwxr-x   - root supergroup          0 2017-08-11 14:06 /user/hive/warehouse/invites/ds=2017-03-20
-rwxrwxr-x   3 root supergroup          5 2017-08-11 14:06 /user/hive/warehouse/invites/ds=2017-03-20/kv2.t
xt
drwxrwxr-x   - root supergroup          0 2017-08-11 14:07 /user/hive/warehouse/invites/ds=2017-3-21
-rwxrwxr-x   3 root supergroup          5 2017-08-11 14:07 /user/hive/warehouse/invites/ds=2017-3-21/kv3.tx
t
```

2. select 和 filters

Hive select 操作的语法与 SQL-92 规范几乎没有区别。

（1）简单 select 操作。

hive>select * from mytable;   **#查询表中所有行和列**

（2）限制条数查询 limit。

hive>select * from mytable limit 3;   **#从表中随机查询 3 条记录**

Limit 关键字用来限制查询的记录数。查询的结果是随机选择的。

（3）top N 查询。

hive>set mapred.reduce.tasks= 2;   **#设置 MapReduce 任务数为 2**
hive>select * from mytable sort by age desc limit 3;
#查询年龄最大的 3 个人

```
OK
9       xs9     female  23
3       xs3     female  22
8       xs8     female  22
```

（4）不输出重复记录的查询。

hive>select distinct id,name from mytable;   **#查询不重复记录**

select 查询时加 distinct 关键字实现查询返回不重复的行。

（5）基于 Partition 的查询。

hive>select * from tb_part where gender='F';   **#查询分区数据**

```
hive> select * from tb_part where gender='F';
OK
1       xs1     21      F
3       xs3     22      F
5       xs5     21      F
8       xs8     22      F
9       xs9     23      F
Time taken: 0.186 seconds, Fetched: 5 row(s)
```

hive>select count(*) from tb_part where gender='F'; **#查询中使用函数**

```
OK
5
Time taken: 1.51 seconds, Fetched: 1 row(s)
```

在对表中的数据进行统计查询时，也可能按一定的类别进行统计，和 MySQL 中一样使用 group by，按某个字段或者多个字段中的值进行分组，字段中的值相同为一组。还可以在查询中使用函数，比如上述命令中使用 count(*)，查询在 tb_part 表 gender='M'分区中有几条数据。下面命令实现分别统计 mytable 表中字段值为"female"和"male"的平均年龄（age 字段）。

```
hive>select gender,avg(age) from mytable group by gender;
OK
NULL    NULL
female  21.8
male    20.8
Time taken: 1.527 seconds, Fetched: 3 row(s)
```

Hive 中 reduce 任务个数设置对执行效率有很大的影响：reduce 太少，相对数据量就大，导致 reduce 异常的慢；reduce 太多，产生的小文件就多，合并起来代价太高，namenode 的内存占用也会增大。因此设定 reduce 个数是调优的经常手段,用 set 命令可设置 MapReduce 任务数，比如前面用 hive>set mapred.reduce.tasks= 2 设置 MapReduce 任务数为 2。

3．数据表连接 join 操作

连接是将两个表中在共同数据项上相互匹配的那些行合并起来，HQL 的连接分为内连接、左外连接、右外连接、全外连接和半连接 5 种。下面通过具体的任务分别介绍。

任务：建立测试表 department（包含部门编号 d_id 和部门名称 d_name 两列）和 employee（包含雇员编号 e_id、雇员姓名 e_name、雇员年龄 e_age 和雇员所在部门代码 e_d_id 四列）；并从本地文件系统中导入数据，本地文件数据如下。

"/data/department.txt" 文件内容如下（数据之间用 tab 键分隔）。

```
1       网络部
2       宣传部
3       研发部
5       人事部
```

"/data/employee.txt" 文件内容如下（数据之间用 tab 键分隔）。

```
1       王红    20      1
2       李强    22      1
3       赵四    20      2
4       郝娟    20      4
```

关键操作步骤及命令结果：

```
hive>create table department(d_id int,d_name string)
row format delimited fields terminated by '\t';    #创建表 department
hive> create table employee(e_id int,e_name string,e_age int,e_d_id int)
row format delimited fields terminated by '\t';    #创建表 employee
hive>load data local inpath '/data/department.txt' overwrite into table department;    #导入本地文件 department.txt 中数据到表 department
hive>load data local inpath '/data/employee.txt' overwrite into table
```

```
employee;                           #导入本地文件 employee .txt 中数据到表 employee
hive>select * from department;                          #查询表 department
hive>select * from employee;                            #查询表 employee
hive> dfs -lsr /user/hive/warehouse;                    #查看数据仓库目录
```

```
hive> select * from department;
OK
1       网络部
2       宣传部
3       研发部
5       人事部
Time taken: 0.131 seconds, Fetched: 4 row(s)
hive> select * from employee;
OK
1       王红     20      1
2       李强     22      1
3       赵四     20      2
4       郝娟     20      4
Time taken: 0.106 seconds, Fetched: 4 row(s)
hive> dfs -lsr /user/hive/warehouse;
lsr: DEPRECATED: Please use 'ls -R' instead.
drwxrwxr-x   - root supergroup          0 2017-08-11 14:27 /user/hive/warehouse/department
-rwxrwxr-x   3 root supergroup         47 2017-08-11 14:27 /user/hive/warehouse/department/department.txt
drwxrwxr-x   - root supergroup          0 2017-08-11 14:27 /user/hive/warehouse/employee
-rwxrwxr-x   3 root supergroup         56 2017-08-11 14:27 /user/hive/warehouse/employee/employee.txt
```

（1）内连接（等值连接）

内连接使用比较运算符根据每个表共有的列的值匹配两个表中的行。内连接要用关键字 join…on。

任务：检索 department 和 employee 表中标识号相同的所有行。

关键操作步骤及命令结果：

```
hive> select b.e_name, a.d_name  from department a join employee b  on b.e_d_id= a.d_id;                                    #内连接查询
```

```
OK
王红     网络部
李强     网络部
赵四     宣传部
Time taken: 16.465 seconds, Fetched: 3 row(s)
```

从上述结果可以看出，只有 employee.e_d_id 字段值与 department.d_id 字段值相等的员工才会被显示。

（2）左外连接

左连接的结果集包括"left outer"子句中指定的左表（关键字 left outer 左边的表）的所有行，而不仅仅是连接列所匹配的行。如果左表的某行在右表（关键字 left outer 右边的表）中没有匹配行，则在相关联的结果集中右表的所有选择列均为空值。左外连接使用关键字 left outer join…on。

任务：查询 department 表中每个部门的员工。

关键操作步骤及命令结果：

```
hive> select a.d_id,a.d_name,b.e_name from department a left outer join employee b on(a.d_id=b.e_d_id);                    #左外连接查询
```

```
OK
1       网络部  王红
1       网络部  李强
2       宣传部  赵四
3       研发部  NULL
5       人事部  NULL
Time taken: 10.763 seconds, Fetched: 5 row(s)
```

从上述结果可以看出，输出了左表（department 表）的所有行，雇员表 employee 中没有代码为 3 的研发部雇员和代码为 5 的人事部雇员，所以对应位置上显示为空。

（3）右外连接

右连接是左向外连接的反向连接，将返回右表（关键字 right outer 右边的表）的所有行。如果右表的某行在左表（关键字 right outer 左边的表）中没有匹配行，则在相关联的结果集中左表的所有选择列均为空值。右外连接使用关键字 right outer join…on。

任务：查询 employee 表中每个员工所属部门。

关键操作步骤及命令结果：

```
hive> select b.e_id,b.e_name,b.e_age,a.d_name from department a right
outer join employee b on(a.d_id=b.e_d_id);          #右外连接查询

OK
1       王红    20      网络部
2       李强    22      网络部
3       赵四    20      宣传部
4       郝娟    20      NULL
Time taken: 9.166 seconds, Fetched: 4 row(s)
```

从上述结果可以看出，输出了右表（employee 表）的所有行，其中第 4 条数据郝娟的部门代码为 4，而部门表 department 中没有代码为 4 部门，所以对应位置上显示为空。

（4）全外连接

全连接返回左表和右表中的所有行。当某行在另一表中没有匹配行时，则另一个表的选择列表包含空值。如果表之间有匹配行，则整个结果集包含基表的数据值。全外连接要用关键字 full outer join…on。

任务：查询部门和员工情况。

关键操作步骤及命令结果：

```
hive> select a.*,b.* from department a full outer join employee b on(a.d_
id=b.e_d_id);                    #全外连接查询

OK
1       网络部  2       李强    22      1
1       网络部  1       王红    20      1
2       宣传部  3       赵四    20      2
3       研发部  NULL    NULL    NULL    NULL
NULL    NULL    4       郝娟    20      4
5       人事部  NULL    NULL    NULL    NULL
Time taken: 1.592 seconds, Fetched: 6 row(s)
```

从上述结果可以看出，输出了左表（department）和右表（employee表）的所有行，可以清楚了解到每个部门有哪些员工，每个员工在哪个部门。其中第5条数据郝娟的部门代码为4，而部门表 department 中没有代码为4的部门，因此对应位置上显示为空。第4条研发部和第6条人事部在 employee 表中没有对应数据，因此对应位置上显示为空。

（5）半连接

半连接是 Hive 所特有的，Hive 不支持 IN 操作，但是拥有替代方案 left semi join，称为半连接，需要注意的是连接的表不能在查询的列中，只能出现在 on 子句中。

任务：列出能在 department 表中查到，且 employee 表中有其对应员工信息的部门；列出能在 employee 表中查到，且 department 表中有其对应部门信息的员工。

关键操作步骤及命令结果：

```
hive> select a.* from department a left semi join employee b on(a.d_id=b.e_d_id);                                  #半连接查询

OK
1       网络部
2       宣传部
Time taken: 9.342 seconds, Fetched: 2 row(s)
```

```
hive> select a.* from employee a left semi join department b on(a.e_d_id = b.d_id);                                #半连接查询

OK
1       王红    20      1
2       李强    22      1
3       赵四    20      2
Time taken: 9.442 seconds, Fetched: 3 row(s)
```

从上述结果可以看出，department 表中只有代码为1和2的部门同时在 employee 表中有属于这两个部门的员工，因此第1次半连接查询只输出这两个部门代码和其对应的名称。同时 employee 表中只有王红、李强和赵四三个员工所在部门在 department 表中能同时查询到，因此第2次半连接查询只输出他们的信息和其对应的部门代码，可以清楚了解到每个部门有哪些员工。

在使用 join 操作的查询语句时要注意，应该将条目少的表或者子查询放在 join 操作符的左边，由于在 join 操作的 reduce 阶段，join 操作符左边的表里面的内容会被加载进内存，所以将条目或者子查询少的表放在左边，可以有效减少发生 OOM 错误的概率。

以上 select 查询中，Hive 调用 MapReduce 执行语句并将结果输出到控制台，也可以把 Hive 的查询结果通过 insert 命令插入 Hive 的新表中，或者将查询结果写入或导出到文件中。

4．将 select 查询结果导出到 Hive 的另一个表中

通过使用查询子句从其他表中获得查询结果，然后使用 insert 命令把数据插入到 Hive 新表中。该操作包括单表插入（一次性向一个 Hive 表插入数据）和多表插入（一次性向多个 Hive 表插入数据）。

任务：创建表 tb_out1 和 tb_out2；将 select 查询结果导入 tb_out1 和 tb_out2。

关键操作步骤及命令结果：

```
hive>create table tb_out1 as select id,name from mytable where age=20;
hive> create table tb_out2(age int,number int);
hive>select * from tb_out1;
```

```
hive> select * from tb_out1;
OK
4       xs4
10      xs10
Time taken: 0.113 seconds, Fetched: 2 row(s)
```

```
hive>insert into table tb_out1 select id,name from mytable where age=21;
#以追加方式向 tb_out1 表导入数据
hive>select * from tb_out1;            #验证 tb_out1 表中追加了数据
```

```
hive> select * from tb_out1;
OK
4       xs4
10      xs10
1       xs1
2       xs2
5       xs5
7       xs7
Time taken: 0.129 seconds, Fetched: 6 row(s)
```

```
hive> insert overwrite table tb_out2 select age,count(id) from mytable
group by age;                          #向 tb_out2 表导入数据
hive>select * from tb_out2;            #验证数据导入成功
```

```
hive> select * from tb_out2;
OK
NULL    0
20      2
21      4
22      3
23      1
Time taken: 0.109 seconds, Fetched: 5 row(s)
```

可以一次性向多个 Hive 表插入数据。

任务：创建表 tb_out3 和 tb_out4；一次性向 tb_out3 和 tb_out4 两个

表中导入数据。

关键操作步骤及命令结果：

```
hive>create table tb_out3 as select id,name from mytable where age=22;
hive>select * from tb_out3;
```

```
hive> select * from tb_out3;
OK
3       xs3
6       xs6
8       xs8
Time taken: 0.114 seconds, Fetched: 3 row(s)
```

```
hive> create table tb_out4(gender string,av_age float);
hive> from mytable insert overwrite table tb_out3 select id,name where
age=23 insert into table tb_out4 select gender,avg(age) group by gender;
#以覆盖方式向 tb_out3 表导入数据，以追加方式向 tb_out4 表导入数据
hive>select * from tb_out3;           #验证 tb_out3 表数据发生改变
hive>select * from tb_out4;
```

```
hive> select * from tb_out3;
OK
9       xs9
Time taken: 0.115 seconds, Fetched: 1 row(s)
hive> select * from tb_out4;
OK
NULL    NULL
female  21.8
male    20.8
Time taken: 0.106 seconds, Fetched: 3 row(s)
```

5. 将 select 查询结果写入文件

（1）写入本地文件系统

任务：将 select 查询结果导出到本地/tmp/exporttest/目录。

关键操作步骤及命令结果：

```
hive>insert overwrite local directory '/tmp/exporttest/' select * from mytable
where gender='male';         #将查询结果写入本地/tmp/exporttest/目录
hive>quit;                   #退出 Hive
[root@client hive]# ll /tmp/exporttest/        #验证输出
[root@client hive]# cat /tmp/exporttest/000000_0  #验证写入本地文件成功
```

```
[root@client hive]#  ll /tmp/exporttest/
total 4
-rw-r--r-- 1 root root 72 Aug 11 14:41 000000_0
[root@client hive]#  cat /tmp/exporttest/000000_0
2xs2male21
4xs4male20
6xs6male22
7xs7male21
10xs10male20
```

在将 select 查询结果导出到本地文件系统时，注意导出路径为文件夹路径（如果指定的文件夹不存在，则系统先建立该文件夹），不必指定文件名。执行语句后，会在指定的本地文件夹中生成一个结果集数据文件 000000_0。

（2）写入分布式文件系统 HDFS

任务：将 select 查询结果导出到 HDFS 的/tmp/outtest/目录。

关键操作步骤及命令结果：

```
hive> insert overwrite   directory '/tmp/outtest/'
row format delimited fields terminated by '\t' select * from mytable
where gender='female';        #将查询结果写入 HDFS 的/tmp/outtest/目录
hive> dfs -ls /tmp/outtest/;    #查看数据仓库目录
hive> dfs -cat /tmp/outtest/000000_0;        #查看存储在 HDFS 的文件
```

```
hive> dfs -ls /tmp/outtest/;
Found 1 items
-rwxrwxr-x   3 root supergroup          80 2017-08-11 14:45 /tmp/outtest/000000_0
hive>   dfs -cat /tmp/outtest/000000_0;
1       xs1        female   21
3       xs3        female   22
5       xs5        female   21
8       xs8        female   22
9       xs9        female   23
```

与导出到本地文件系统一样，该导出路径为文件夹路径，不必指定文件名。执行命令后，会在 HDFS 的目录'/tmp/outtest/'下生成一个 000000_0 结果集数据文件。

以上是把 Hive 查询结果写入单文件，即一个文件中，还可以将查询结果写入多个文件中。多文件写入实现用一条语句在多个文件中写入数据，只需要扫描一遍元数据即可完成在多个文件中的插入操作，效率很高。

任务：用一条命令实现将 mytable 表中的 gender='male'数据导入本地'/tmp/exporttest1/'目录，同时将 mytable 表中的 gender='female'的数据导入 HDFS 的'/tmp/outtest1/'目录。

关键操作步骤及命令结果：

```
hive>from mytable   insert overwrite local directory '/tmp/exporttest1/'
select * where gender='male'
insert overwrite directory '/tmp/outtest1/'
row format delimited fields terminated by '\t'
select * where gender='female';        #导入数据到两个文件
hive> dfs -lsr /tmp;              #查看数据仓库目录
hive> dfs -cat /tmp/outtest1/000000_0;  #验证数据成功导入到本地文件
```

```
drwxrwxr-x   - root supergroup          0 2017-08-11 14:45 /tmp/outtest
-rwxrwxr-x   3 root supergroup         80 2017-08-11 14:45 /tmp/outtest/000000_0
drwxrwxr-x   - root supergroup          0 2017-08-11 14:47 /tmp/outtest1
-rwxrwxr-x   3 root supergroup         80 2017-08-11 14:47 /tmp/outtest1/000000_0
hive> dfs -cat /tmp/outtest1/000000_0;
1       xs1     female  21
3       xs3     female  22
5       xs5     female  21
8       xs8     female  22
9       xs9     female  23
```

hive>quit;
[root@client hive]# ll /tmp;
[root@client hive]# cat /tmp/exporttest1/000000_0
#验证数据成功导入到 HDFS 目录

```
[root@master hive]# cat /tmp/exporttest1/000000_0
2       xs2     male    21
4       xs4     male    20
6       xs6     male    22
7       xs7     male    21
10      xs10    male    20
```

4.6 Hive 操作实例

任务：在本地文件系统建立文件"/home/member.txt"，文件内容如下（数据之间用 Tab 键分隔）。

```
201701  xx      0       21
201702  yy      1       22
201703  zz      1       22
201704  aa      0       22
201705  bb      1       21
201706  bb      1       22
```

启动 Hive 完成如下任务：

（1）新建 member 表。

（2）将本地文件"/home/member.txt"导入 member 表中。

（3）查询 member 表中所有记录。

（4）查询 member 表中男同学（性别值为 1）数据。

（5）查询 member 表中 22 岁男同学数据。

（6）统计 member 表中男同学和女同学（性别值为 0）的人数。

（7）删除 member 表。

关键操作步骤：

所有操作在 client 上以 root 用户身份执行。

（1）启动 Hive 后显示所有 Hive 表。

[root@client ~]# cd /usr/cstor/hive
[root@client hive]# bin/hive
hive> show tables;

（2）新建 member 表。

hive> create table member(id int,name string,gender tinyint,age tinyint)row format delimited fields terminated by '\t';
hive>show tables;

（3）将本地文件'/home/member.txt'中的数据导入 member 表。

hive>load data local inpath '/home/member.txt' overwrite into table member;

（4）查询 member 表中所有记录。

hive>select * from member;

（5）查询 member 表中男同学数据。

hive>select * from member where gender=1;

（6）查询 member 表中 22 岁男同学数据。

hive>select * from member where gender=1 and age=22;

（7）统计 member 表中男同学和女同学的人数。

hive>select gender,count(*) from member group by gender;

（8）删除 member 表。

hive>drop table member;

（9）退出 Hive。

hive>quit;

实验 3　Hive 实验

实验目的

本实验的目的如下：
- 理解 Hive 体系架构。
- 掌握 Hive 内嵌模式部署。
- 掌握 Hive Shell 常用命令的使用。
- 熟悉 Hive 表 DDL 操作和 DML 操作。

实验要求

本实验的要求如下：
- 完成 Hive 内嵌模式部署。

- 能够将 Hive 数据存储在 HDFS 上。
- 进入 Hive Shell，完成 Hive 的常见 DDL 操作和 DML 操作。

实验步骤

本实验要部署 Hive，由于 Hive 依赖于 Hadoop，所以首先要部署 Hadoop 集群。步骤如下：

（1）为集群中所有机器添加域名映射，配置 ssh 免密登录，具体步骤请参考 2.2 节。

（2）部署 Hadoop 2.7.3 并启动，具体步骤请参考 2.2 节。

（3）内嵌模式安装 hive-2.1.1 版本，具体步骤请参考 4.2.2 节。

（4）启动 Hive Shell，练习以下 Hive 基本操作：

① 创建表 tb_pokes，包含两列，第一列列名 foo，数据类型 int，第二列列名 bar，数据类型 string。

hive> create table tb_pokes (foo int, bar string);

② 创建表 tb_invites，包含两个实体列(foo int, bar string)和一个（虚拟）分区字段(ds string)。

hive> create table tb_invites (foo int, bar string) partitioned by (ds string);

③ 显示所有的表。

hive> show tables;

④ 显示以 s 结尾的表。

hive> show tables '.*s';

⑤ 显示 tb_invites 表列。

hive> desc tb_invites;

⑥ 修改表 tb_pokes 名称为 tb_events。

hive> alter table tb_pokes rename to tb_events;

⑦ 在表 tb_events 中新增列（列名 new_col，数据类型 int）。

hive> alter table tb_events add columns (new_col int);

⑧ 在表 tb_invites 中新增列（列名 new_col2，数据类型 int），同时增加注释"a comment"。

```
hive> alter table tb_invites add columns (new_col2 int comment 'a comment');
```

⑨ 修改 tb_invites 表中所有列名（foo 修改为 t_foo，bar 修改为 t_bar，new_col2 修改为 t_baz）。

```
hive> alter table tb_invites replace columns (t_foo int, t_bar string, t_baz int   comment 't_baz replaces new_col2');
```

⑩ 删除 tb_invites 表的 t_bar 和 t_baz 两列。

```
hive> alter table tb_invites
replace columns (t_foo int comment 'only keep the first column');
```

⑪ 删除 tb_events 表。

```
hive> drop table tb_events;
```

⑫ 查看 Hive 数据库，并切换 default 数据库为当前数据库。

```
hive> show databases;
hive> use default;
```

⑬ 创建分区表 tb_parthive，包含两个实体列 (name string, price string) 和一个分区字段 year (year string)。

```
hive> create table tb_parthive (name string, price string)
partitioned by (year string) row format delimited fields terminated by '\t';
```

⑭ 查看 tb_parthive 的表结构。

```
hive> desc tb_parthive;
```

⑮ 在表 tb_parthive 中创建两个分区 year='2014' 和 year='2015'。

```
hive> alter table tb_parthive add partition(year='2014');
hive> alter table tb_parthive add partition(year='2015');
```

⑯ 查看 tb_parthive 的表分区。

```
hive> show partitions tb_parthive;
```

⑰ 将本地文件 '/home/parthive.txt' 中数据导入 year='2015' 分区。

```
hive> load data local inpath '/home/parthive.txt' into table tb_parthive partition(year='2015');
```

⑱ 查询分区数据。

```
hive> select * from tb_parthive t where t.year='2015';
```

⑲ 统计 year='2015'分区中记录个数。

```
hive> select count(*) from tb_parthive where year='2015';
```

习题 4

1. 简述 Hive 的工作原理。
2. 简述 Hive 的功能、作用及其体系架构。
3. 简述 Hive 的三种部署方式。
4. 简述 Hive 的接口。
5. 简述 Hive 的数据模型。

参考文献

[1] http://hive.apache.org.

[2] 安俊秀,等. Hadoop 大数据处理技术基础与实践[M]. 北京：人民邮电出版社,2015.

[3] 刘鹏,等. 大数据库实验手册[M]. 南京：南京云创大数据科技股份有限公司,2017.

[4] 叶晓江,刘鹏. 实战Hadoop2.0 从云计算到大数据[M]. 北京：电子工业出版社,2016.

第 5 章

内存大数据计算框架 Spark

Spark 是美国加州大学伯克利分校的 AMP 实验室在 2010 年发布的一个快速、通用的开源大数据处理引擎,和 Hadoop 的 MapReduce 计算框架类似。相较于 MapReduce,Spark 由于具有可伸缩、基于内存计算等特性,在进行数据批处理时处理效率更高、速度更快,且兼容 Hadoop 数据格式,所以 Spark 在推出不久便受到了欢迎,成为继 Hadoop MapReduce 之后新的、最具影响力的大数据处理框架之一。

本章对 Spark 进行了较为系统全面的介绍,内容包括 Spark 的体系架构与基本原理,Spark 的部署方法:单节点部署、集群部署、配置参数及方法、弹性数据集的原理及操作、Spark Shell 的基本操作等。通过本章的学习和实验可以熟悉 Spark 的规划、部署、配置、管理、操作使用的全过程。

5.1 Spark 简介

5.1.1 Spark 概览

Spark 是基于内存计算的大数据并行计算框架,和前面章节中介绍的 Hadoop MapReduce 框架一样允许用户将其部署在大量廉价硬件之上,构成集群。MapReduce 在处理复杂的数据处理任务时存在着严重的性能问题,而 Spark 作为 MapReduce 的替代方案,提供了较好的数据处理性能。由于兼容 Hadoop 的 HDFS、HBase、Hive 等分布式存储系统，Spark 可以融入 Hadoop 生态系统，并弥补 MapReduce 的不足。Spark 具有以下特点。

1. 高效、高性能的数据批处理

使用 MapReduce 进行数据批处理时，MapReduce 作业需要读取 HDFS 文件作为数据输入，而输出的结果也要存储到 HDFS 上。若一次数据处理需要运行多个 MapReduce 作业，其中间结果通过 HDFS 保存与传递，需要有多次 HDFS 读写操作，会产生不小的磁盘读写开销。这样整个数据处理时间较长，效率较低。而使用 Spark 进行数据批处理时，原先需要多个 MapReduce 作业的数据处理现在只需要一个 Spark 作业，缩短了作业的申请、分配过程。同时作业执行时的中间结果可保存于内存中，减少了 HDFS 的读写次数，从而减少了磁盘读写开销，缩短了数据处理时间，提高了效率。

2. 灵活、易用的编程模型

相较于 MapReduce 编程模型，Spark 提供了更为灵活的 DAG 编程模型。DAG 编程模型不仅包含了 map、reduce 接口，还增加了 filter、flatMap、union 等操作接口，使得编写 Spark 程序更为方便。

3. 丰富、灵活的编程接口

Spark 提供了编程语言 Java、Scala、Python、R 的 API，以及数据库操作语言 SQL 的支持，方便开发者编写 Spark 程序。同时还提供了 Spark Shell 以支持用户进行交互式编程。

4. 多种类型的数据处理支持

Spark 不仅支持数据批处理，还支持流式数据处理、复杂分析（包括机器学习、图计算）、交互式数据查询（包括 SQL）。

5. 多数据源支持

Spark 可以独立运行，也可以运行于 Hadoop Yarn 集群管理器，兼容 Hadoop 已有的各种数据类型，支持多种数据源，如 HDFS、Hive、HBase、Parquet 等。

5.1.2　Spark 生态系统 BDAS

Spark 整个生态系统称为伯克利数据分析栈 BDAS（Berkeley Data Analytics Stack），如图 5-1 所示，划分为以下 4 个层次。

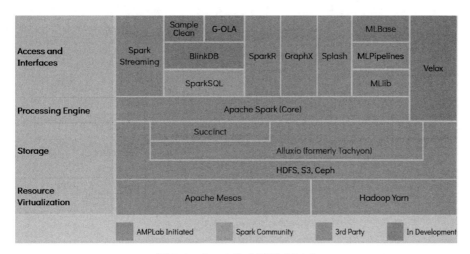

图 5-1　Spark 生态系统 BDAS

1．资源虚拟化

资源虚拟化层实现资源管理，包括分布式资源管理框架 Mesos 和 Hadoop 的 Yarn 资源管理器。

2．存储

存储层实现数据存储管理，包括 Hadoop 的分布式文件系统 HDFS、亚马逊云平台 AWS 的 S3 云存储、内存分布式文件系统 Tachyon 等。

3．处理引擎

处理引擎层主要由 Spark Core 构成。

4．访问与接口

访问与接口层包含基于 Spark 基础平台的一些扩展，提供了适用不同数据处理类型的系统与接口。包括流式计算框架 Spark Streaming、结构化数据 SQL 查询引擎 Spark SQL、机器学习系统 MLBase、机器学习库 Mllib 和并行图计算框架 GraphX 等。

生态系统中的子项目有的由伯克利大学 AMP 实验室发起开发，有的由 Spark 社区开发，也有来自第三方的系统，如 Hadoop 的 Yarn 和 HDFS。

5.1.3　Spark 架构与原理

Spark 集群中的 Spark 应用程序运行在一组进程上，这些进程分布在 Worker 节点上并被一个称为驱动程序（Driver Program）的进程协调管理，如图 5-2 所示。

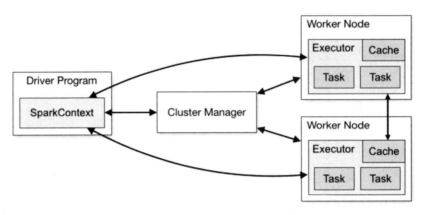

图 5-2　Spark 应用程序架构

一个 Spark 应用由一个驱动程序（Driver Program）和多个执行器（Executor）构成，驱动程序（Driver Program）中的 SparkContext 对象负责协调管理多个执行器（Executor），而一个执行器（Executor）可以执行多个任务（Task），并可以将数据保存在缓存中。每个 Spark 应用所拥有的执行器（Executor）进程是独立的，这些执行器进程会随着 Spark 应用的运行而运行，并且通过多线程的方式运行任务（Task）。

Spark 应用程序的执行流程如下：首先当一个应用提交后，系统启动一个驱动程序（Driver Program）并创建一个 SparkContext 对象。然后 SparkContext 对象连接集群管理器（不同模式集群的管理器不同，如 Standalone 模式、Yarn 模式、Mesos 模式）分配资源，连接之后分配到多个用来计算和存储数据的执行器（Executor）。接着 SparkContext 对象将用户提交的程序代码（JAR 或 Python 文件）发送给执行器（Executor），最后在执行器（Executor）上运行从 SparkContext 上发送来的任务（Task）。

使用分布式内存存放待处理数据和优化数据处理过程是 Spark 数据处理效率得到提高的主要因素。在 Spark 中对分布式内存数据进行了抽象，称为弹性分布式数据集（RDD）。RDD 是 Spark 中核心的数据结构，所有数据处理操作都围绕 RDD 进行。数据操作即是对 RDD 的转换处理，把一个 RDD 转换为另一个新的 RDD。一个 Spark 应用的数据处理过程即是多个 RDD 的转换过程，Spark 对数据处理过程提出了优化方法：首先把数据处理过程中使用到的 RDD 和 RDD 之间的转换构成有向无环图（DAG）；其次根据 RDD 之间的转换类型划分阶段（Stage），同一阶段（Stage）中的 RDD 转换操作在不同的节点上可以并行执行；最后执行划分好阶段的 DAG 图。

有向无环图的阶段划分如图 5-3 所示，图中有名为 A、B、C、D、E、F 和 G 的 RDD，并标明了 RDD 之间的转换关系，如 RDD A 到 RDD B 为 groupBy 操作、RDD C 到 RDD D 为 map 操作等，这些 RDD 根据它们之间的转换关系构成了一个有向无环图（DAG）。RDD 中的小方块代表此 RDD 分布到不同的节点上，如 RDD A 分布到 3 个节点上、RDD C 分布到 2 个节点上等。虚线框出的即为阶段（Stage），图中共标识了 3 个阶段：Stage1、Stage2 和 Stage3。阶段的划分依据为 RDD 的转换是否能合并与并行进行，如某个节点上从 RDD C 到 RDD D 的转换和 RDD D 到 RDD F 的转换可以合并执行，不需要等待其他节点的转换结果；而 RDD A 到 RDD B 的转换需要涉及所有相关节点，故被划分到两个阶段。最后依次执行各阶段算出 RDD G。

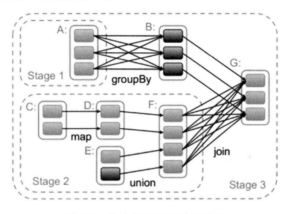

图 5-3　有向无环图的阶段划分

5.2　Spark 部署

5.2.1　准备工作

选择部署 Spark 在 Linux 操作系统上，可以使用物理机、虚拟机或者云服务来部署。Linux 的版本可以选择 Centos、Ubuntu 等流行版本。初学者学习体验 Spark 可以先选择单节点部署，而要使用 Spark 进行大数据处理或者大规模计算则需要选择集群部署。单节点部署只需准备一台 Linux 机器，而集群部署则需要准备多台 Linux 机器，并且各台机器能通过网络互连。

1. 安装 JDK

Spark 运行在 JVM 上，要求 Java 7 及以上版本。在实际的部署中会和 Hadoop 部署在一起，可以选择 JDK 1.7 或 JDK 1.8 安装。在 2.2 节中已介绍了 JDK 的安装步骤，此处不再赘述。

2．下载 Spark

Spark 的官方下载地址为：http://spark.apache.org/downloads.html。打开后如图 5-4 所示。

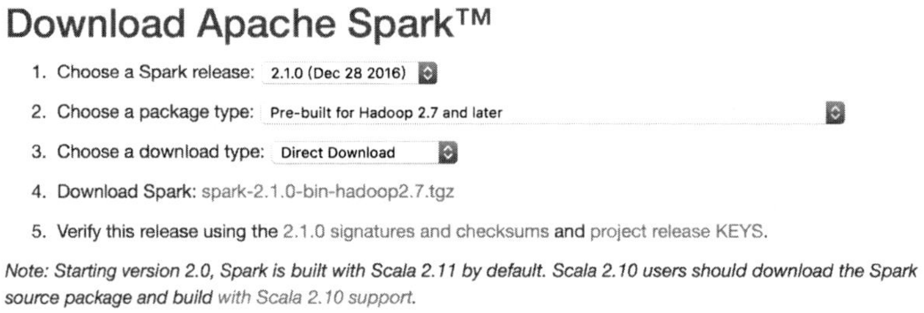

Download Apache Spark™

1. Choose a Spark release: 2.1.0 (Dec 28 2016)
2. Choose a package type: Pre-built for Hadoop 2.7 and later
3. Choose a download type: Direct Download
4. Download Spark: spark-2.1.0-bin-hadoop2.7.tgz
5. Verify this release using the 2.1.0 signatures and checksums and project release KEYS.

Note: Starting version 2.0, Spark is built with Scala 2.11 by default. Scala 2.10 users should download the Spark source package and build with Scala 2.10 support.

图 5-4　Spark 下载页面

下载过程分 5 步：

（1）选择 Spark 版本，在此选择 2.1.0。

（2）选择包类型，在此选择"Pre-built for Hadoop 2.7 and later"（编译好的包），其适用于 Hadoop 2.7 以及更高版本。Spark 在做大数据处理或调度管理时可以使用 Hadoop 的组件，需要和 Hadoop 混合部署，这样用户需要选择对应 Hadoop 版本的预编译包。

（3）选择下载方式，在此选择直接下载。

（4）点击下载 spark-2.1.0-bin-hadoop2.7.tgz 安装包。

（5）校验下载的文件是否正确。

下载好的文件为 spark-2.1.0-bin-hadoop2.7.tgz，这是一个压缩文件。文件名中显示 Spark 的版本为 2.1.0，对应的 Hadoop 版本为 2.7。这里只显示了 Hadoop 的主版本号和次版本号，说明可以支持 2.7.1、2.7.2、2.7.3 等版本。

5.2.2　Spark 单节点部署

单节点部署是指在一台电脑上部署 Spark，这是最简单的 Spark 部署方式，一般用于学习或体验。单节点部署非常简单，步骤如下：

（1）选择一台 Linux 机器，安装好 JDK。

（2）下载 Spark 包文件 spark-2.1.0-bin-hadoop2.7.tgz 后，解压缩文件。具体命令如下：

```
tar xvf spark-2.1.0-bin-hadoop2.7.tgz
cd spark-2.1.0-bin-hadoop2.7
```

解压后 Spark 的相关文件都在 spark-2.1.0-bin-hadoop2.7 目录下面。

（3）运行测试程序：

```
./bin/run-example SparkPi 10 2>/dev/null
```

此命令是运行 Spark 示例程序 SparkPi，用来计算圆周率。运行结果为：

```
Pi is roughly 3.138939138939139
```

至此，Spark 单节点部署成功。

5.2.3　Spark 集群部署

Spark 集群部署是指把 Spark 部署到多台网络互通的机器上，构成分布式系统。集群部署的好处是可以利用多台机器的计算、内存、磁盘资源，有效地运行大数据处理程序，能够处理的数据量或计算量远远大于使用单台电脑部署的 Spark。同时集群还提供了资源调度、高可用性、高可靠性等功能，能够使 Spark 程序的运行高效、稳定、可靠。

Spark 集群按照所使用的集群管理器可以分为三种模式：Standalone、Spark on Yarn、Spark on Mesos。其中 Standalone 模式使用 Spark 自带的集群管理器，可以方便快速地搭建集群；Spark on Yarn 模式使用 Hadoop 的资源管理器 Yarn 管理集群，Yarn 支持资源的动态分配，并可以统一管理 Hadoop 与 Spark 集群；Spark on Mesos 模式则使用 Apache Mesos 管理集群，Apache Mesos 是一种通用的集群管理器，也支持运行 Hadoop MapReduce。

我们可以先从搭建 Standalone 模式集群开始，熟悉部署方法，再搭建 Hadoop on Yarn 模式集群。

1. 搭建 Standalone 模式集群

搭建集群之前首先要规划好集群的规模及角色分配。Spark 集群中的机器角色分为：Master 和 Slave。通常把部署了 Master 角色的机器称为 Master 节点，部署了 Slave 角色的机器称为 Slave 节点。Master 节点负责调度管理，而 Slave 节点负责任务计算及数据处理。在集群中 Master 节点与 Slave 节点的部署关系如图 5-5 所示。

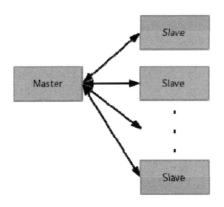

图 5-5 Master 与 Slave 的部署关系

选择 1 个 Master 节点、2 个 Slave 节点，具体规划如表 5-1 所示。

表 5-1 Standalone 集群规划

集 群 角 色	机 器 名	IP 地址
Master	cloud1	192.168.100.10
Slave	cloud2	192.168.100.11
Slave	cloud3	192.168.100.12

集群规划完成后，开始搭建集群，具体步骤如下：

（1）3 台 Linux 机器，分别配置好机器名和 IP 地址，并确保每台机器间的网络能够相互连通。默认配置下 spark 会占用 8080、8081、6066、7077 等端口，若防火墙开启，这些端口可能无法连通，所以需要停掉每台机器的防火墙。不同版本的 Linux 系统关闭防火墙的命令不同，此处不再详述。

（2）为每台机器创建一个用户（本例中使用 dtadmin），此用户具有管理员权限，后续登录每台机器均使用此用户。

（3）配置每台机器的 hosts 文件。使用 vi 编辑文件，命令如下：

```
sudo vi /etc/hosts
```

在 hosts 文件最后加入：

```
192.168.100.10 cloud1
192.168.100.11 cloud2
192.168.100.12 cloud3
```

（4）为每台机器安装 JDK。

（5）配置 ssh 免密码登录。登录到 cloud1，配置免密码登录，使得从 cloud1 到 cloud2 和 cloud3 的 ssh 登录无须密码。具体方法请参考 2.2 节中介绍的免密码登录方法。

验证免密码登录，在 cloud1 上分别执行以下两条命令，若 ssh 登录无须密码则免密码登录配置成功。

```
ssh cloud2
ssh cloud3
```

（6）把准备工作时下载好的包文件 spark-2.1.0-bin-hadoop2.7.tgz 分别放到每台机器上（从 Windows 机器上传文件到 Linux 机器可以使用工具 Winscp)，并且放到相同的路径下（如都放到/home/dtadmin)，通过以下命令解压缩：

```
tar xvf spark-2.1.0-bin-hadoop2.7.tgz
cd spark-2.1.0-bin-hadoop2.7
```

最终每台机器的 Spark 目录都位于：
/home/dtadmin/spark-2.1.0-bin-hadoop2.7

（7）配置 Master 节点上的 slaves 文件。在 Master 节点上进入 spark 目录/home/dtadmin/spark-2.1.0-bin-hadoop2.7，执行以下命令：

```
cd conf
cp slaves.template slaves
```

至此在 spark-2.1.0-bin-hadoop2.7/conf 目录下新建了名为 slaves 的文件，该文件从 slaves.template 文件复制而来。

使用文本编辑工具 vi 编辑文件 slaves，添加 cloud2 和 cloud3 到文件中，最终效果如图 5-6 所示。

```
# A Spark Worker will be started on each of the machines
listed below.
cloud2
cloud3
```

图 5-6　编辑 slaves 文件

（8）在 Master 节点（机器名为 cloud1）上执行启动脚本。

```
cd ~/spark-2.1.0-bin-hadoop2.7
./sbin/start-all.sh
```

（9）验证是否安装成功。在每台机器上运行 jps 命令查看 Java 进程，jps 用来查看所有正在运行的 Java 程序信息。

在 Master 节点 cloud1 上运行 jps，结果如图 5-7 所示。

```
[dtadmin@cloud1 spark-2.1.0-bin-hadoop2.7]$ jps
2257 Master
2431 Jps
```

图 5-7　在 cloud1 上运行 jps 命令

在 Slave 节点 cloud2 上运行 jps，结果如图 5-8 所示。

```
[dtadmin@cloud2 spark-2.1.0-bin-hadoop2.7]$ jps
4738 Jps
2219 Worker
```

图 5-8　在 cloud2 上运行 jps 命令

在 Slave 节点 cloud3 上运行 jps，结果如图 5-9 所示。

```
[dtadmin@cloud3 spark-2.1.0-bin-hadoop2.7]$ jps
2212 Worker
2552 Jps
```

图 5-9　在 cloud3 上运行 jps 命令

可以看出在 Master 节点上运行了一个名为 Master 的 Java 程序，而在 Worker 节点上分别运行了一个名为 Worker 的 Java 程序。至此 Spark 进程在 Master 节点和 Slave 节点上都已启动成功。

在 Master 节点上的 Web 界面中也可以看到集群的状态，Master 节点的 Web 界面默认 URL 为 http://<masterAddress>:8080，访问 Master 节点 cloud1 的 Web 界面，效果如图 5-10 所示。

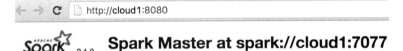

```
← → C  http://cloud1:8080
```

Spark Master at spark://cloud1:7077

URL: spark://cloud1:7077
REST URL: spark://cloud1:6066 *(cluster mode)*
Alive Workers: 2
Cores in use: 2 Total, 0 Used
Memory in use: 2.0 GB Total, 0.0 B Used
Applications: 0 Running, 0 Completed
Drivers: 0 Running, 0 Completed
Status: ALIVE

图 5-10　Master 节点 Web 界面

"Status: ALIVE"代表集群处于正常状态，"Alive Workers: 2"代表有两个 Worker 可用。

（10）提交测试程序。通常使用 spark-submit 脚本提交 spark 应用到集群运行，此脚本提供了统一的接口，可以使用统一的方法提交应用到不同类型的集群。执行命令如下：

```
cd ~/spark-2.1.0-bin-hadoop2.7
./bin/spark-submit \
--class org.apache.spark.examples.SparkPi \
--master spark://cloud1:6066 \
--deploy-mode cluster ./examples/jars/spark-examples_2.11-2.1.0.jar 100
```

运行结果如图 5-11 所示。

```
Running Spark using the REST application submission proto
col.
17/08/04 22:43:21 : Submitting a request to launch an app
lication in spark://cloud1:6066.
17/08/04 22:43:23 : Submission successfully created as dr
iver-20170804224322-0000. Polling submission state...
17/08/04 22:43:23 : Submitting a request for the status o
f submission driver-20170804224322-0000 in spark://cloud1
:6066.
17/08/04 22:43:23 : State of driver driver-20170804224322
-0000 is now RUNNING.
17/08/04 22:43:23 : Driver is running on worker worker-20
170804224212-192.168.100.11-41091 at 192.168.100.11:41091

17/08/04 22:43:23 : Server responded with CreateSubmissio
nResponse:
```

图 5-11 提交测试程序至 Spark 集群

在最后显示的 JSON 结构中 "success"：true 代表提交成功。和单机模式运行测试程序不同的是，spark-submit 脚本提交成功后即退出，并没有把最终的运行结果显示给用户。要查询运行结果需要访问 Master 节点的 Web 界面，如图 5-12 所示。

Completed Applications

Application ID	Name	Cores	Memory per Node	Submitted Time	User	State	Duration
app-20170318061154-0000	Spark Pi	1	1024.0 MB	2017/03/18 06:11:54	dtadmin	FINISHED	12 s

Completed Drivers

Submission ID	Submitted Time	Worker	State	Cores	Memory	Main Class
driver-20170318061148-0000	Sat Mar 18 06:11:48 EDT 2017	worker-20170318041239-192.168.100.12-41016	FINISHED	1	1024.0 MB	org.apache.spark.examples.SparkPi

图 5-12 Master 节点 Web 界面查看程序运行

在 cloud1 的 Web 界面最后有两个表格，分别为完成的程序和完成的 Drivers，这里编号为 app-20170318061154-0000 的应用即是用户提交的测试程序，对应的状态为完成。而编号为 driver-20170318061148-0000 的 driver 即此应用的 driver 程序，对应的状态也为完成。点击 "Completed Drivers" 表格中 Worker 列中的 Worker 编号，跳转到 Worker 页面，如图 5-13 所示。

在 "Finished Drivers" 表格中点击 Driver 编号为 driver-20170318061148-0000 的 stdout 即可看到最终的运行结果，如图 5-14 所示。

至此 Spark Standalone 模式集群的部署、测试完成。可以看出集群部署要比单机部署复杂，在实际部署时要严格按照步骤进行。

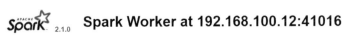

图 5-13 Worker 页面

图 5-14 测试程序运行结果

2. 搭建 Spark on Yarn 模式集群

Spark on Yarn 集群使用 Hadoop Yarn 作为集群管理器,需要把 Spark 和 Hadoop 部署在一起。Spark 可以处理 Hadoop HDFS 上的数据,Spark 与 Hadoop 部署在一起,Spark 就可以更高效、更快捷地访问 HDFS。

前面介绍了 Standalone 模式集群的部署方法,搭建 Spark on Yarn 模式集群只需在 Standalone 模式集群的基础上,部署 Hadoop 并做相应配置。在搭建之前需要规划好 Hadoop 的机器角色如何部署到已有的 Spark Standalone 模式集群上。把 HDFS 中的 NameNode 放到 Master 节点上,而 DataNode 放到 Slave 节点上。把 Yarn 中的 ResourceManager 放到 Master 节点上。具体规划如表 5-2 所示。

表 5-2 Spark on Yarn 模式集群规划

机 器 名	Spark 角色	Hadoop 角色	IP 地址
cloud1	Master	NameNode SecondaryNameNode ResourceManager	192.168.100.10

续表

机　器　名	Spark 角色	Hadoop 角色	IP 地址
cloud2	Slave	DataNode NodeManager	192.168.100.11
cloud3	Slave	DataNode NodeManager	192.168.100.12

Spark on Yarn 模式集群可以在已搭建好的 Standalone 模式集群上继续搭建，具体步骤如下：

（1）在三台机器上部署 Hadoop 集群，只需要配置 Hadoop 的 HDFS 和 Yarn 组件。对于 HDFS，将 NameNode 和 SecondaryNameNode 部署到 Master 节点 cloud1 上，而将 DataNode 部署到 Slave 节点 cloud2 和 cloud3 上。对于 Yarn，将 ResourceManager 部署到 Master 节点 cloud1 上，而将 NodeManager 部署到 Slave 节点 cloud2 和 cloud3 上。

Hadoop 的部署方法参见 2.2 节，此处不再详述。Hadoop 配置文件 core-site.xml、hdfs-site.xml、yarn-site.xml 和 slaves 文件的关键配置信息如图 5-15～图 5-18 所示，以供参考。

```
<configuration>
<property>
  <name>hadoop.tmp.dir</name>
  <value>/home/dtadmin/hadooptmp</value>
  <description>A base for other temporary directories.</description>
</property>
<property>
<name>fs.defaultFS</name>
<value>hdfs://cloud1:9000</value>
</property>
<property>
  <name>io.file.buffer.size</name>
  <value>131072</value>
</property>
</configuration>
```

图 5-15　配置文件 core-site.xml

```
<configuration>
<property>
  <name>dfs.namenode.name.dir</name>
  <value>file:/home/dtadmin/hadoopdata/namenode</value>
</property>
<property>
  <name>dfs.datanode.data.dir</name>
  <value>file:/home/dtadmin/hadoopdata/datanode</value>
</property>
<property>
  <name>io.file.buffer.size</name>
  <value>131072</value>
</property>
<property>
  <name>dfs.namenode.handler.count</name>
  <value>100</value>
</property>
</configuration>
```

图 5-16　配置文件 hdfs-site.xml

```xml
<property>
  <name>yarn.resourcemanager.scheduler.address</name>
  <value>cloud1:8030</value>
</property>
<property>
  <name>yarn.resourcemanager.address</name>
  <value>cloud1:8032</value>
</property>
<property>
  <name>yarn.acl.enable</name>
  <value>false</value>
</property>
<property>
  <name>yarn.admin.acl</name>
  <value>*</value>
</property>
<property>
  <name>yarn.log-aggregation-enable</name>
  <value>false</value>
</property>
<property>
  <name>yarn.resourcemanager.webapp.address</name>
  <value>cloud1:8088</value>
</property>
<property>
  <name>yarn.resourcemanager.hostname</name>
  <value>cloud1</value>
</property>
```

图 5-17　配置文件 yarn-site.xml

```
cloud2
cloud3
```

图 5-18　配置文件 slaves

（2）配置每台机器的 spark-env.sh 文件。在 Spark 的 conf 目录下若没有 spark-env.sh 文件，则需要从 spark-env.sh.template 复制，执行命令如下：

```
cd ~/spark-2.1.0-bin-hadoop2.7/conf
cp spark-env.sh.template spark-env.sh
```

编辑 spark-env.sh 文件，加入配置项 HADOOP_CONF_DIR，配置值为 Hadoop 配置文件所在目录，如图 5-19 所示。

```
# - HADOOP_CONF_DIR, to point Spark towards Hadoop configuration files
export HADOOP_CONF_DIR=/home/dtadmin/hadoop-2.7.3/etc/hadoop
```

图 5-19　配置 spark-env.sh 的 HADOOP_CONF_DIR 选项

（3）重启 Spark。登录到 Master 节点 cloud1，执行以下命令：

```
cd ~/spark-2.1.0-bin-hadoop2.7
./sbin/stop-all.sh                              （停止 spark）
./sbin/start-all.sh                             （启动 spark）
```

（4）验证是否安装成功。在每台机器上运行 jps 命令查看 Java 进程信息。

在 Master 节点 cloud1 上运行 jps，结果如图 5-20 所示。

```
[dtadmin@cloud1 spark-2.1.0-bin-hadoop2.7]$ jps
3329 Master
2539 SecondaryNameNode
2701 ResourceManager
2254 NameNode
3406 Jps
```

图 5-20 在 cloud1 上运行 jps 命令

Master 节点 cloud1 上运行了 Spark 的 Master 进程、Hadoop HDFS 的 NameNode 和 SecondaryNameNode 进程、Hadoop Yarn 的 ResourceManager 进程。

在 Slave 节点 cloud2 上运行 jps，结果如图 5-21 所示。

```
[dtadmin@cloud2 spark-2.1.0-bin-hadoop2.7]$ jps
2593 Worker
2169 DataNode
2649 Jps
2283 NodeManager
```

图 5-21 在 cloud2 上运行 jps 命令

在 Slave 节点 cloud3 上运行 jps，结果如图 5-22 所示。

```
[dtadmin@cloud3 ~]$ jps
2657 Jps
2597 Worker
2167 DataNode
2281 NodeManager
```

图 5-22 在 cloud3 上运行 jps 命令

Slave 节点 cloud2 和 cloud3 上都运行了 Spark 的 Worker 进程、Hadoop HDFS 的 DataNode 进程和 Hadoop Yarn 的 NodeManager 进程。至此 Spark 集群和 Hadoop 进程都已经启动成功。

（5）提交测试程序。与测试 Standalone 模式集群相同，要使用 spark-submit 脚本提交测试程序，但脚本参数中--master 指定为 yarn，执行命令如下：

```
./bin/spark-submit \
--class org.apache.spark.examples.SparkPi \
--master yarn \
--deploy-mode cluster \
./examples/jars/spark-examples_2.11-2.1.0.jar 100
```

输出的日志最后如图 5-23 所示，"final status: SUCCEEDED "说明最终运行成功。

在 Standalone 模式集群中查看提交的程序运行结果需要登录 Spark Master 节点的 Web 界面，而在 Spark on Yarn 模式集群中由于任务管理已交给 Hadoop Yarn 来完成，所以查看程序运行结果需要登录 Hadoop 的 ResourceManager 的 Web 界面。ResourceManager 的默认 URL 为

http://<ResourceManager Address>:8088，当前 URL 为 http://cloud1:8088，打开页面如图 5-24 所示。

```
17/08/04 23:20:30 : Application report for application_1
501903056153_0001 (state: FINISHED)
17/08/04 23:20:30 :
         client token: N/A
         diagnostics: N/A
         ApplicationMaster host: 192.168.100.11
         ApplicationMaster RPC port: 0
         queue: default
         start time: 1501903171728
         final status: SUCCEEDED
         tracking URL: http://cloud1:8088/proxy/applicat
ion_1501903056153_0001/
         user: dtadmin
```

图 5-23　spark-submit 脚本输出日志

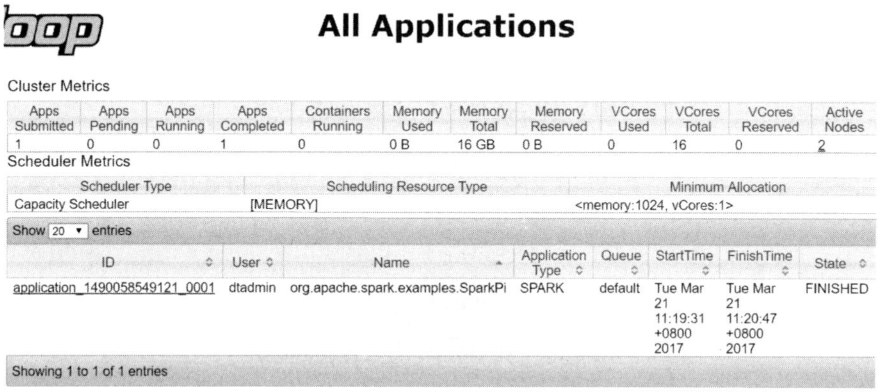

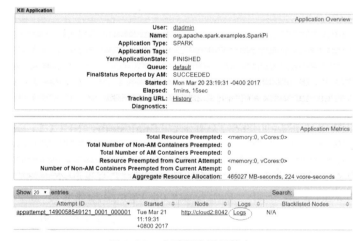

图 5-24　Hadoop ResourceManager 的 Web 界面

ResourceManager 的 Web 界面中显示有一个状态为"FINISHED"、名称为"org.apache.spark.examples.SparkPi"的应用程序，单击其 ID 便显示应用程序的详细信息，如图 5-25 所示。

图 5-25　应用程序详细信息

继续单击 Logs 链接，进入日志详情页面，如图 5-26 所示。

图 5-26　日志详细信息

日志详细信息页面中显示了两个文件 stderr 和 stdout，单击 stdout 文件链接，显示出应用程序运行结果，如图 5-27 所示。

图 5-27　应用程序运行结果

至此测试程序提交并运行成功，Spark on Yarn 模式集群已成功搭建。

3．搭建高可用集群

前面两节以 3 台机器构成的集群为例分别介绍了 Standalone 模式和 Spark on Yarn 模式集群的搭建。在 Standalone 模式中 Worker 进程部署到 cloud2 和 cloud3 上，而 Master 进程只部署到 cloud1 上。在实际的应用中若只有一个 Master 节点，那么有可能会造成单点故障，即若 Master 节点出现故障则会影响到整个集群的运行，导致 Spark 不可用。部署高可用集群便可以解决单点故障问题，在生产环境中一般部署高可用集群。

Standalone 模式集群中的 Master 节点可能会出现单点故障，有以下两种方法实现 Standalone 高可用集群：

（1）增加备用 Master 节点来实现高可用集群。

增加一台或多台备用的 Master 节点到集群，并连接到 Zookeeper 集群中。Zookeeper 可以选择一台 Master 机器作为主节点，而使其他 Master 机器作为备用节点。当主节点出现故障后，Zookeeper 会重新选择一台可用的 Master 机器作为主节点，这样就解决了单点故障问题。高可用集群的部署图如图 5-28 所示。

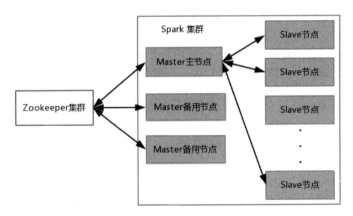

图 5-28 Standalone 高可用集群部署

具体配置方法为：在 Master 节点的 spark-env.sh 文件中的配置项 SPARK_DAEMON_JAVA_OPTS 中加入相关属性配置，如表 5-3 所示。

表 5-3 Master 节点 Zookeeper 配置

属 性 名	值
spark.deploy.recoveryMode	ZOOKEEPER
spark.deploy.zookeeper.url	Zookeeper URL
spark.deploy.zookeeper.dir	Spark 在 Zookeeper 中的目录

Zookeeper 集群的搭建可以参考 Zookeeper 官方网站 http://zookeeper.apache.org 上的说明完成。

（2）配置 Master 节点本地文件系统恢复。

这种方法不需要搭建备用 Master 节点。当 Master 节点出现故障后，可以通过重启 Master 来恢复之前在文件系统中保存的状态。该方法虽然不是最佳的高可用方案，但也提供了一种只有单台 Master 节点时的高可用方案。具体配置方法为：在 Master 节点的 spark-env.sh 文件配置项 SPARK_DAEMON_JAVA_OPTS 中加入配置项，如表 5-4 所示。

表 5-4 Master 节点文件系统恢复配置

属 性 名	值
spark.deploy.recoveryMode	FILESYSTEM
spark.deploy.recoveryDirectory	用于存放恢复数据的目录

在前面介绍过 Spark on Yarn 模式集群如何把 Hadoop 集群与 Spark 集群部署在一起。其中 Hadoop HDFS 的 NameNode 节点和 Secondary NameNode 节点部署到单台机器上，Hadoop Yarn 的 ResourceManager 也部署到单台机器上。这些都可能出现单点故障问题，在实际的部署中也需要考虑高可用集群方案，包括 Hadoop 的高可用集群。部署如图 5-29 所示。

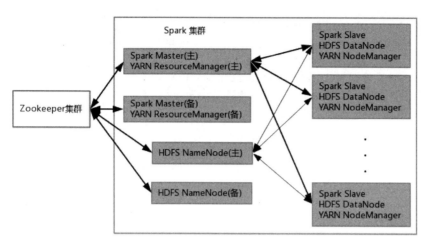

图 5-29　Spark 与 Hadoop 混合高可用集群部署

5.3　Spark 配置

Spark 系统有以下三种配置：

（1）Spark 属性，用于控制应用程序配置，通过 SparkConf 对象或 Java 系统属性来配置。

（2）环境变量，用于设置机器相关的设置，如 IP 地址，通过每个节点上的 conf/spark-env.sh 脚本来配置。

（3）日志配置，通过 log4j.properties 来配置。

5.3.1　Spark 属性

Spark 应用程序的配置主要由 Spark 属性决定，且不同应用可以使用不同的 Spark 属性。Spark 属性的配置按优先级从低到高有以下三种方法：

（1）conf 目录下的 spark-defaults.conf 文件。

spark-defaults.conf 文件可以从 spark-default.conf.template 文件复制过来，示例配置如图 5-30 所示。

```
spark.eventLog.enabled          true
spark.serializer                org.apache.spark.serial
izer.KryoSerializer
spark.driver.memory             4g
```

图 5-30　spark-default.conf 文件示例

（2）命令行参数。

使用 ./bin/spark-submit 脚本提交应用程序时，通过命令行参数指定 Spark 属性。命令格式如下：

```
./bin/spark-submit --name "My app" \
--master local[4] \
--conf spark.eventLog.enabled=false \
--conf "spark.executor.extraJavaOptions=\
-XX:+PrintGCDetails -XX:+PrintGCTimeStamps" \
myApp.jar
```

可以通过 spark-submit 脚本的命令行参数 --conf 指定 Spark 属性。命令行参数的使用方法可以通过 ./bin/spark-submit --help 来查询。

（3）SparkConf 对象。

在编写程序时可以通过 SparkConf 对象指定 Spark 属性，代码示例如下：

```
val conf = new SparkConf()
            .setMaster("local[2]")
            .setAppName("Myapp")
            .set("spark.executor.memory", "2g")
val sc = new SparkContext(conf)
```

将 Spark 属性写在代码中没有命令行参数灵活，因为一旦程序写好了，这些参数优先级是最高的，在外部没有办法修改。

表 5-5 中列出了常用的 Spark 属性，完整的 Spark 属性请参考 Spark 官方文档 http://spark.apache.org/docs/latest/configuration.html。

表 5-5 Spark 常用属性

属 性 名	默 认 值	含 义
spark.app.name	(none)	Spark 应用程序的名称，在界面和日志中显示
spark.driver.cores	1	在集群模式下 driver 所使用的 core 的数量
spark.driver.maxResultSize	1G	每个 spark action 的结果最大值。设置合适的大小可以避免 out-of-memory 错误
spark.driver.memory	1G	Driver 进程所使用的内存大小
spark.executor.memory	1G	每个 executor 进程所使用的内存大小
spark.local.dir	/tmp	Spark 本地目录，可以指定多个目录并用逗号分隔
spark.logConf	false	以 INFO 级别打出有效的 SparkConf 日志
spark.master	(none)	集群管理器 URL，具体格式如表 5-6 所示
spark.submit.deployMode	(none)	Driver 程序的部署模式，取值为 "client" 或 "cluster"

Spark.master 属性为 Master URL，具有多种格式，具体如表 5-6 所示。

表 5-6 Master URL 格式

Master URL	含 义
local	本地运行 Spark，使用一个 worker 线程
local[K]	本地运行 Spark，使用 K 个 worker 线程
local[*]	本地运行 Spark，使用和逻辑 core 数量一致的 worker 线程
spark://HOST:PORT	使用 Standalone 模式集群管理器，HOST 为 Master 节点，PORT 默认为 7077
mesos://HOST:PORT	使用 Mesos 模式集群管理器，PORT 默认为 5050
yarn	使用 Yarn 模式集群管理器

5.3.2 环境变量配置

有部分 Spark 程序配置可以通过环境变量方式指定，如配置文件目录可通过环境变量 SPARK_CONF_DIR 来指定。环境变量可以在提交程序之前通过 export 方式来设置，也可以通过配置文件目录下的 spark-env.sh 文件指定。

常用的通用配置如表 5-7 所示，完整的环境变量配置可以参考 conf 目录下的 spark-env.sh.template。

表 5-7 常用环境变量配置项

配 置 项	含 义
SPARK_LOCAL_IP	绑定的 IP 地址
SPARK_PUBLIC_DNS	Driver 程序使用的 DNS 服务器
SPARK_CLASSPATH	额外追加的 classpath

5.3.3 日志配置

日志配置使用配置文件目录下的 log4j.properties 文件，完整配置选项可以参考 conf 目录下的 log4j.properties.template，可以复制一份作为默认配置。

例如修改 log4j.rootCategory 配置可以调整 Spark 程序在屏幕上打印的日志级别：

```
log4j.rootCategory=ERROR, console          #输出 ERROR 级别日志
```

修改 log4j.appender.console.layout.ConversionPattern 配置可以调整 Spark 程序在屏幕上打印的日志内容和格式：

```
log4j.appender.console.layout.ConversionPattern=%d{yy/MM/dd HH:mm:ss} %p %c{1}: %m%n
```

5.3.4 查看配置

Spark shell 提供了交互式的方式来运行程序，它也是通过 spark-submit 脚本提交任务。下面以运行 Spark shell 为例，查看 Spark 应用程序的配置。

进入 Spark 目录/home/dtadmin/spark-2.1.0-bin-hadoop2.7，运行命令：

```
./bin/spark-shell
```

运行结果如图 5-31 所示。

```
Spark context Web UI available at http://192.168.100.10:4040
Spark context available as 'sc' (master = local[*], app id = local-1501904320909).
Spark session available as 'spark'.
Welcome to
      ____              __
     / __/__  ___ _____/ /__
    _\ \/ _ \/ _ `/ __/  '_/
   /___/ .__/\_,_/_/ /_/\_\   version 2.1.0
      /_/

Using Scala version 2.11.8 (Java HotSpot(TM) 64-Bit Server VM, Java 1.8.0_121)
Type in expressions to have them evaluated.
Type :help for more information.

scala>
```

图 5-31 运行 Spark shell

这时再打开一个 ssh 界面，运行 jps 命令，结果如图 5-32 所示。

```
[dtadmin@cloud1 ~]$ jps
2722 ResourceManager
3013 Master
3273 Jps
2268 NameNode
2556 SecondaryNameNode
3101 SparkSubmit
```

图 5-32 运行 jps 命令查看 Java 进程

此时已运行了一个名为 SparkSubmit 的进程，这个进程即为以本地运行（local）方式运行的 Driver Program，并通过监听 4040 端口提供了 Web 界面。打开 URL：http://cloud1:4040/ ，可以看到应用程序的界面，如图 5-33 所示。

单击 Environment 后可以看到应用程序的配置，如图 5-34 所示。

从 Environment 页面可以看到 Java 的 Runtime 信息、Spark 属性、系统属性等配置信息。图 5-34 中标出了几个重要 Spark 属性：应用程序名、Master URL 和应用程序 deployMode。

Spark Jobs (?)

User: dtadmin
Total Uptime: 31 min
Scheduling Mode: FIFO

▶ Event Timeline

图 5-33　Spark shell 应用程序界面

Environment

Runtime Information

Name	Value
Java Home	/usr/java/jdk1.8.0_121/jre
Java Version	1.8.0_121 (Oracle Corporation)
Scala Version	version 2.11.8

Spark Properties

Name	Value
spark.app.id	local-1490928889683
spark.app.name	Spark shell
spark.driver.host	192.168.100.10
spark.driver.port	43798
spark.executor.id	driver
spark.home	/home/dtadmin/spark-2.1.0-bin-hadoop2.7
spark.jars	
spark.master	local[*]
spark.repl.class.outputDir	/tmp/spark-f1d21968-b535-4c14-aa01-36c01d526aeb/repl-805304eb-c3d6-4911-ad3b-d882f3dbe4f4
spark.repl.class.uri	spark://192.168.100.10:43798/classes
spark.scheduler.mode	FIFO
spark.sql.catalogImplementation	hive
spark.submit.deployMode	client

图 5-34　查看应用程序配置

5.4　Spark RDD

Spark 的数据处理建立在统一抽象的 RDD（Resilient Distributed

Dataset）上，对 RDD 的理解在使用 Spark 进行数据处理中至关重要。本节重点介绍 RDD 的基本概念、特性及 RDD 操作。

5.4.1 RDD 特征

RDD 的全称是"弹性分布式数据集"（Resilient Distributed Dataset），从它的名称上看 RDD 是分布式、弹性的数据集合。分布式特征即数据集合分布存储，分散在各个 Spark 节点中。弹性特征是指数据分片方法可以自定义及数据分片丢失后的容错性。

RDD 具备以下主要特征。

1. 数据集

和编程语言中的集合类似，如 Array、List 等。

2. 分布式存储

数据集中的成员被切分为多个数据块，分散存储于多个集群节点上。

3. 弹性分布

数据的分片（数据切分）可以自定义（设置分片函数）。

4. 只读

一个 RDD 一旦生成，内容就不可以修改，这样在进行并行计算时就不需要考虑数据互斥等同步问题。

5. 可持久化

一般从一个 RDD 转换至另一新的 RDD 后旧的 RDD 不会再使用，但可以把 RDD 缓存起来，以供后续重复使用，避免了 RDD 的重复计算。

6. 可重新计算

若某个节点的宕机导致存储在其上的 RDD 数据片丢失，Spark 可以重新计算出这部分的分区数据。

5.4.2 RDD 转换操作（Transformation）

RDD 的转换是指由一个 RDD 生成新的 RDD 的过程。在 Spark 中 RDD 的转换有 map、flatMap、filter、groupByKey 等，表 5-8 列出了部分常用的 RDD 转换方法。

表 5-8 常用的 RDD 转换操作

RDD 转换	含义
map(func)	通过函数 func()对数据集中的每个成员进行转换
filter(func)	通过函数 func()选择过滤数据集中的成员
flatMap(func)	和 map 转换类似，但函数 func()可以把单个成员转换为多个成员
union(otherDataset)	返回当前集合与 otherDataset 集合的 union 操作
Distinct	去掉集合中重复成员，使新的集合中成员各不相同
groupByKey	对键-值（key-value）对集合按照键（key）进行 groupBy 操作
reduceByKey(func)	通过函数 func 对键-值（key-value）对集合进行聚合（aggregate）操作
sortByKey	对键-值（key-value）对集合进行排序
join(otherDataset)	对两个键-值（key-value）对集合：(K,V)，(K,W) 进行连接操作，形成新的键-值对集合：(K，(V,W))
cogroup(otherDataset)	对两个键-值（key-value）对集合：(K,V)，(K,W) 进行协同划分操作，形成新的键-值对集合：(K，(Iterable<V>,Iterable<W>))

5.4.3 RDD 依赖

对 RDD 转换，形成了新的 RDD，可以认为新的 RDD 依赖于旧的 RDD，旧的 RDD 称为父 RDD，新的 RDD 称为子 RDD。由于 RDD 由分布的数据切片（分区）组成，根据 RDD 转换时新旧分区之间的关系将依赖分为两种类型：窄依赖和宽依赖，这是划分有向无环图 DAG 阶段（stage）的重要依据。

1．窄依赖

窄依赖（Narrow Dependency）是指父 RDD 的每个数据分区最多被一个子 RDD 的数据分区所用，可以是一个父 RDD 分区对应一个子 RDD 分区（第一类）或者多个父 RDD 分区对应一个子 RDD 分区（第二类）。

图 5-35 所示为 RDD 的 map 转换，RDD 2 窄依赖于 RDD 1，且一个父 RDD 分区对应一个子 RDD 分区（第一类）。图 5-36 所示为 RDD 的 join 转换，RDD 1 和 RDD 2 进行 cogroup 转换为 RDD 3，RDD3 窄依赖于 RDD 1 和 RDD 2，且多个父 RDD 分区对应一个子 RDD 分区（第二类）。

可以看出窄依赖中的子 RDD 分区依赖于常数个父 RDD 分区，与父 RDD 的数据规模无关。

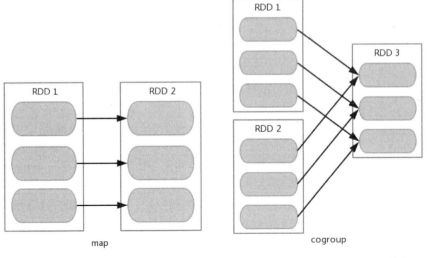

图 5-35　RDD 的 map 转换　　　图 5-36　RDD 的 cogroup 转换

2. 宽依赖

宽依赖（Wide Dependency）是指子 RDD 的每个分区都依赖于父 RDD 的所有分区或者多个分区，即存在一个父 RDD 分区可以对应多个子 RDD 分区。图 5-37 所示为 RDD 的 groupByKey 转换，对 RDD 1 进行 groupByKey 转换，转换为 RDD 2，RDD 2 的每个分区都依赖于 RDD 1 的所有分区。

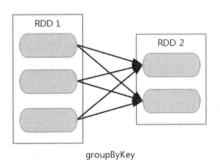

图 5-37　RDD 的 groupByKey 转换

这两种类型的依赖在实际 RDD 转换时存在较大的差别：使用窄依赖时新的 RDD 分区可以从相同节点的旧 RDD 分区计算得出或者由常数个 RDD 分区计算得出，网络开销很小，效率较高，常见的 map、filter 操作都是这一类；而使用宽依赖时新 RDD 分区的计算可能会使用到所有旧 RDD 分区，计算时可能涉及所有节点的数据传输，开销较大。

在 RDD 分区丢失后的数据恢复方面两种依赖也有区别：由于窄依赖的分区只依赖于单个或常数个的父分区，窄依赖计算丢失的数据分区代价较小；而宽依赖的分区可能依赖于所有的父分区，在计算丢失的数据分区时代价较大，有可能需要整体重新计算。

5.4.4 RDD 行动操作

RDD 行动操作（Action）是相对于转换（Transformation）的另外一种操作。RDD 转换操作并没有真正执行计算，而行动操作的执行会引起 RDD 转换的实际计算。RDD 的转换操作是由一个或多个 RDD 计算生成新的 RDD 的过程，而 RDD 的行动操作不生成新的 RDD，而是保存 RDD 或是将对 RDD 的计算结果返回至驱动程序（Driver Program）等操作。表 5-9 列出了常用的 RDD 行动操作。

表 5-9 常用的 RDD 行动操作

Action	含 义
collect	返回 RDD 中的所有元素
count	返回 RDD 中元素的数量
countByKey	计算键-值对 RDD 每个键（key）对应的元素个数
first	返回 RDD 中第一个元素
take(n)	返回 RDD 中前 n 个元素
reduce(func)	通过函数 func 对 RDD 进行聚合操作
saveAsTextFile(path)	把 RDD 保存为一个文本文件，可以选择保存在本地文件系统、HDFS 等。文件中的一行为 RDD 中的一个元素
saveAsObjectFile(path)	将 RDD 保存为一个 Java 序列化格式文件
foreach(func)	通过函数 func 对 RDD 中的每个元素进行计算，通常在更新累加器或者使用外部存储系统时用到

5.5 Spark Shell

Spark Shell 是一种交互式数据分析工具，同时也提供了一种快速学习 Spark API 的方法。它适用于快速数据分析、快速原型开发以及初学者的 Spark 编程学习。在 Spark Shell 中可以使用编程语言 Scala 或 Python 进行编程。Scala 是一种运行在 JVM 上的类似 Java 的编程语言，Spark 便是用 Scala 编写的，使用 Scala 的好处之一是可以使用现有的 Java 库。在本章节中以使用 Scala 为例介绍如何使用 Spark Shell 处理数据。

5.5.1 准备工作

在使用 Spark Shell 处理数据之前，要准备好待处理的数据。选择一些文本数据放到 Hadoop HDFS 上，Spark 程序可以处理 HDFS 上的文件。本例中使用前面章节部署好的 Spark 与 Hadoop 混合部署集群（Spark on Yarn 模式集群）。在 HDFS 中创建目录，并上传文件，具体命令如下：

```
export HADOOP_HOME=~/hadoop-2.7.3              #创建 Hadoop 目录环境变量
cd ~/spark-2.1.0-bin-hadoop2.7                 #进入 Spark 目录
$HADOOP_HOME/bin/hadoop fs -mkdir /testdata    #HDFS 中创建目录
$HADOOP_HOME/bin/hadoop fs -put ./LICENSE /testdata    #上传文件
$HADOOP_HOME/bin/hadoop fs -put ./NOTICE /testdata     #上传文件
$HADOOP_HOME/bin/hadoop fs -put ./README.md /testdata  #上传文件
$HADOOP_HOME/bin/hadoop fs -put ./RELEASE /testdata    #上传文件
```

上述命令把 Spark 目录下的几个文本文件（LICENSE、NOTICE、README.md、RELEASE）上传至 HDFS 目录/testdata，用于后续的数据分析实验。上传后可以使用 Hadoop 命令查看文件，如图 5-38 所示。

```
[dtadmin@cloud1 hadoop-2.7.3]$ ./bin/hadoop fs -ls /test
data
Found 5 items
-rw-r--r--   3 dtadmin supergroup      17811 2017-03-31
05:59 /testdata/LICENSE
-rw-r--r--   3 dtadmin supergroup      24645 2017-03-31
05:59 /testdata/NOTICE
-rw-r--r--   3 dtadmin supergroup       3818 2017-03-31
05:59 /testdata/README.md
-rw-r--r--   3 dtadmin supergroup        128 2017-03-31
05:59 /testdata/RELEASE
```

图 5-38　查看 HDFS 测试数据文件

5.5.2　启动 Spark Shell

进入 Spark home 目录，运行 spark-shell 命令。具体命令如下：

```
cd ~/spark-2.1.0-bin-hadoop2.7
./bin/spark-shell --master spark://cloud1:7077
```

Spark-shell 的参数--master 指定了 Master URL，这里使用的是 Standalone 模式集群。Spark-shell 的运行界面如图 5-39 所示。

```
Spark context Web UI available at http://192.168.100.10:
4040
Spark context available as 'sc' (master = spark://cloud1
:7077, app id = app-20170804234858-0001).
Spark session available as 'spark'.
Welcome to
      ____              __
     / __/__  ___ _____/ /__
    _\ \/ _ \/ _ `/ __/  '_/
   /___/ .__/\_,_/_/ /_/\_\   version 2.1.0
      /_/

Using Scala version 2.11.8 (Java HotSpot(TM) 64-Bit Serv
er VM, Java 1.8.0_121)
Type in expressions to have them evaluated.
Type :help for more information.

scala>
```

图 5-39　Spark-shell 运行界面

Spark-shell 在背后使用 spark-submit 脚本提交了一个 Spark 应用。从日志可以看出此应用的 Master URL 为：spark://cloud1:7077，Spark context 的 Web 界面地址为：http://192.168.100.10:4040，进入 Spark Shell 的命令提示符为"scala>"，表明 Spark Shell 使用的是 Scala 语言。

Spark-shell 也可以不指定--master 参数运行，默认为本地模式运行 Spark 应用程序。

5.5.3 创建 RDD

创建 RDD 需要使用 SparkContext 对象的方法，spark-shell 会默认创建一个 SparkContext 对象 sc，可以直接使用。RDD 的创建方式有两种：

（1）通过驱动程序（Driver Program）中的集合来创建。

使用 SparkContext 的 parallelize 方法创建，代码示例如下：

```
val data = Array(1, 2, 3, 4, 5)              #创建数组对象
val distData = sc.parallelize(data)          #创建 RDD 对象 distData
```

（2）通过外部存储数据来创建，包括本地文件系统、HDFS、HBase 等。

使用 SparkContext 的 textFile 方法创建，textFile 的参数可以通过前缀 file:// 指定本地文件或者 HDFS:// 指定 HDFS 文件。

从本地文件创建 RDD 的代码示例如下：

```
val rddLocalFile=sc.textFile("file:///home/dtadmin/testfile")
```

从 HDFS 文件创建 RDD 的代码示例如下：

```
val rddHdfsFile=sc.textFile("HDFS://cloud1:9000/testfile")
```

本例中从 HDFS 创建 RDD，使用 HDFS 目录/testdata 下的所有文件，代码如下：

```
val rddTextFile=sc.textFile("HDFS://cloud1:9000/testdata/*")
```

执行命令后 Spark Shell 显示创建出的 RDD 对象信息，如图 5-40 所示。

```
scala> val rddTextFile=sc.textFile("HDFS://cloud1:9000/t
estdata/*")
rddTextFile: org.apache.spark.rdd.RDD[String] = HDFS://c
loud1:9000/testdata/* MapPartitionsRDD[1] at textFile at
 <console>:24
```

图 5-40 从 HDFS 目录/testdata 下创建 RDD

5.5.4 转换 RDD

在上节中已从 HDFS 目录/testdata 下的所有文件创建好 RDD 对象 rddTextFile,文件中的每一行对应 RDD 中的一个元素。下面要通过 RDD 的转换实现文本中单词出现频率的分析,找出出现次数超过 10 次的单词。代码如下所示,共有 6 次 RDD 的转换:

```
val  words=rddTextFile.flatMap(line=>line.split(" "))                      (1)
val  words_normal=words.filter(word=>word.length>3&&word.length<10)        (2)
val  words_normal_lower=words_normal.map(word=>word.toLowerCase)           (3)
val  words_map=words_normal_lower.map(word=>(word,1))                      (4)
val  words_count=words_map.reduceByKey((num1,num2)=>num1+num2)             (5)
val  words_final=words_count.filter(wpair=>wpair._2>10)                    (6)
```

下面详细讲述这 6 次转换:

(1) 使用 flatMap 转换将 RDD 元素中的文本行切分为单词。

flatMap 转换将 RDD 中的一个元素转成多个元素。这里转换函数为 line=>line.split(" "),其中参数为一个对象而返回多个对象。函数通过字符串的 split 方法按照空格进行切分,转换前 RDD 中的元素为文本中的行,转换后为通过空格切分的单词。

(2) 使用 filter 转换将 RDD 中长度小于等于 3 或大于等于 10 的元素过滤掉。

filter 转换可以选择过滤 RDD 中的元素。这里转换函数为 word=>word.length>3&&word.length<10,函数返回布尔值,通过字符串的 length 方法判断元素是否符合过滤条件。

(3) 使用 map 转换将 RDD 元素转换为小写。map 转换将 RDD 中的元素进行一对一的转换。这里转换函数为 word=>word.toLowerCase,函数通过字符串的 toLowerCase 返回参数的小写形式。转换后 RDD 元素都为小写单词。

(4) 使用 map 转换将 RDD 元素转换为键值对形式:(word,1),键为元素单词而值都固定为 1。

转换函数 word=>(word,1)将 RDD 元素转成键值对形式,为下面的 reduceByKey 转换做准备。

(5) 使用 reduceByKey 转换将键值对 RDD 按照相同的键聚合。

reduceByKey 转换按照相同的键(key)将 RDD 元素进行聚合,聚合后键值对 RDD 元素的值(value)通过转换函数算出。这里的转换函数为(num1,num2)=>num1+num2,函数有两个参数:num1、num2,返回这两个参数之和。这样转换后便统计出来每个单词出现的次数。

（6）使用 filter 转换把键值对 RDD 中值小于等于 10 的元素过滤掉。

这里转换函数为 wpair=>wpair._2>10，函数的参数为键值对形式，wpair._2 代表其值，过滤掉值（value）小于等于 10 的键值对元素。

运行结果如图 5-41 所示。

```
scala> val rddTextFile=sc.textFile("HDFS://cloud1:9000/testdata/*")
rddTextFile: org.apache.spark.rdd.RDD[String] = HDFS://cloud1:9000/testdata/* MapPartitionsRDD[3] at textFile at <console>:24
scala> val words=rddTextFile.flatMap(line=>line.split(" "))
words: org.apache.spark.rdd.RDD[String] = MapPartitionsRDD[4] at flatMap at <console>:26
scala> val words_normal=words.filter(word=>word.length>3&&word.length<10)
words_normal: org.apache.spark.rdd.RDD[String] = MapPartitionsRDD[5] at filter at <console>:28
scala> val words_normal_lower=words_normal.map(word=>word.toLowerCase)
words_normal_lower: org.apache.spark.rdd.RDD[String] = MapPartitionsRDD[6] at map at <console>:30
scala> val words_map=words_normal_lower.map(word=>(word,1))
words_map: org.apache.spark.rdd.RDD[(String, Int)] = MapPartitionsRDD[7] at map at <console>:32
scala> val words_count=words_map.reduceByKey((num1,num2)=>num1+num2)
words_count: org.apache.spark.rdd.RDD[(String, Int)] = ShuffledRDD[8] at reduceByKey at <console>:34
scala> val words_final=words_count.filter(wpair=>wpair._2>10)
words_final: org.apache.spark.rdd.RDD[(String, Int)] = MapPartitionsRDD[9] at filter at <console>:36
```

图 5-41　RDD 转换分析单词出现频率

5.5.5　执行 RDD 作业

上节进行了 RDD 的转换，但在 Spark 中这些转换目前都没有被执行，因为 Spark 中的 RDD 转换都是惰性（Lazy）的，每个转换不会立即计算出结果，只是记录下该转换操作所需的基础数据集，只有在遇到 RDD 行动操作（Action）时才会一起被执行。RDD、转换操作和行动操作之间的关系如图 5-42 所示。

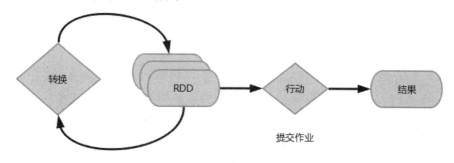

图 5-42　RDD 的作业执行

在执行 Action 之前通过 Spark Shell Web 界面查看是否有作业生成。打开 URL: http://cloud1:4040，如图 5-43 所示。

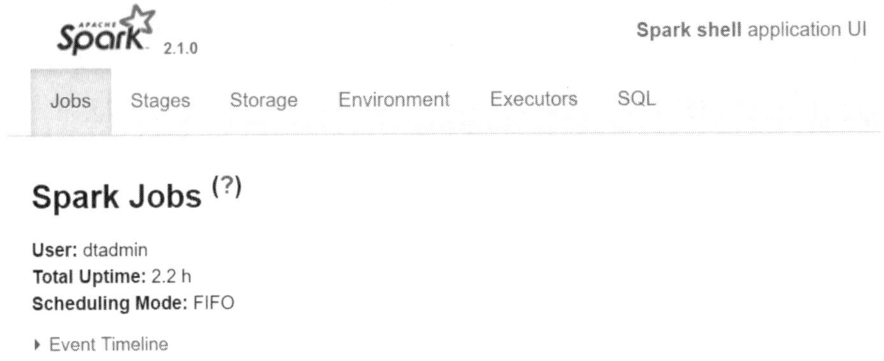

图 5-43　执行 RDD 行动操作前查看 Spark Shell Web 界面

可以看出没有 Spark Job 被提交，执行 collect 行动操作代码如下所示：

```
words_final.collect()
```

words_final 是转换后最终的 RDD 对象，它的方法 collect 是收集 RDD 数据至驱动程序（Driver Program），并通过 Spark Shell 打印出来。执行后输出结果如图 5-44 所示，显示了出现超过 10 次的单词及其出现频次。

```
scala> words_final.collect()
[Stage 0:>
[Stage 0:==============================>
[Stage 0:==========================================>
[Stage 1:>
[Stage 1:==========================================>
res0: Array[(String, Int)] = Array((under,39), (version,20), (file,17), ((mit,20), (notice,13), (shall,15), (class,11), (developed,19), (license),35), (commons,15), (other,11), (spark,20), (including,16), (license,61), (project,18), (code,11), (following,17), (which,16), (public,13), (work,25), (license.,24), (apache,86), (this,73), (works,14), (with,25), (from,21), (license,,13), (such,18), (software,62), (includes,19), (provided,13), (product,38), (library,11), ((bsd,14), (terms,13), (your,14), (source,22), (that,29), (copyright,78))
```

图 5-44　RDD 作业输出结果

此时再次查看 Spark Shell Web 界面，可以看到被提交的 Spark 作业，如图 5-45 所示。"Completed Jobs"（完成的作业）表中显示出一个 ID 为 0 的作业，列出了作业的相关信息：执行时间为 8s，阶段（stage）数及对应的状态，任务（task）数及对应的状态。此作业即为行动操作 words_final.collect()提交的 Spark 作业。

Spark Jobs (?)

User: dtadmin
Total Uptime: 2.2 h
Scheduling Mode: FIFO
Completed Jobs: 1

▶ Event Timeline

Completed Jobs (1)

Job Id ▾	Description	Submitted	Duration	Stages: Succeeded/Total	Tasks (for all stages): Succeeded/Total
0	collect at <console>:39	2017/03/31 10:13:16	8 s	2/2	8/8

图 5-45 执行行动操作后查看 Spark Shell Web 界面

单击 Description 列出此作业对应的链接，可以继续查看作业的详细信息，包括有向无环图（DAG）的阶段（stage）划分和阶段的具体信息。DAG 的阶段划分如图 5-46 所示。

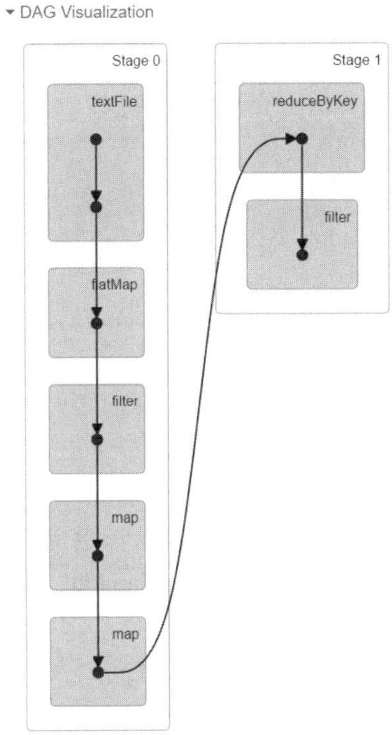

图 5-46 DAG 的阶段划分

从 DAG 图中可以看出整个 DAG 被划分为两个阶段：stage 0 和 stage 1。转换操作 flatMap、filter、map 都属于窄依赖，故被划分到 stage 0 中；而 reduceByKey 操作属于宽依赖，故和最后的 filter 操作被划分到 stage 1

中。在作业的详细信息页面中同时也列出了阶段的具体信息，如图 5-47 所示。

图 5-47 完成的 Stage 具体信息

Completed Stages 表中列出了阶段（Stage）的具体信息：提交时间、执行事件和所使用的 task 等。

至此通过 Spark Shell 分析 HDFS 上数据的程序就完成了，通过这个示例，读者熟悉了 RDD 的创建、转换操作、行动操作以及 DAG 阶段划分的过程，了解了 Spark 处理数据的方法及其基本原理。

实验 4 Spark Standalone 集群搭建

实验目的

本实验的目的如下：
- 掌握 Spark 体系架构。
- 掌握 Spark 集群安装部署步骤。
- 掌握 Spark 程序的提交及测试方法。

实验要求

本实验的要求如下：
- 部署一个 Master 节点、两个 Slave 节点。
- 提交 Spark 自带的测试程序 org.apache.spark.examples.SparkPi。
- 查看 Spark 程序运行结果。

实验步骤

本实验步骤如下：

（1）部署一个 Master 节点、两个 Slave 节点。

（2）配置网络，检查关闭防火墙。

（3）配置 hosts 文件。

（4）创建新用户 dtadmin，并授予管理员权限。

（5）安装 JDK。

（6）配置免密码登录，使从 Master 节点可以免密码登录到 Slave 节点。

（7）下载 Spark 安装包，选择包类型为 Pre-built for Hadoop 2.7 and later。

（8）解压安装包到每个节点。

（9）配置 Master 节点 slaves 文件。

（10）通过 Master 节点的 start-all.sh 脚本启动集群。

（11）通过 jps 命令查看启动的 Spark 进程。

（12）通过 Maser 节点 Web 界面查看集群状态。

（13）使用 spark-submit 脚本提交 Spark 程序：

- Jar 包为 ./examples/jars/spark-examples_2.11-2.1.0.jar；
- class 为 org.apache.spark.examples.SparkPi。

（14）通过 Master 节点 Web 界面查看程序运行结果。

习题 5

1. Spark 集群有哪几种模式？
2. Standalone 集群中的 Master 节点和 Slave 节点分别负责什么功能？
3. 使用 Hadoop Yarn 作为 Spark 的集群管理器有什么优点？
4. spark-submit 脚本的功能是什么？
5. 分布式弹性数据集的特点有哪些？
6. 驱动程序（Driver Program）和执行器（Executor）在 Spark 作业运行时分别负责什么功能？
7. 列举三个 RDD 转换操作，并描述其功能。
8. 列举三个 RDD 行动操作，并描述其功能。

参考文献

[1] Spark 官方文档 http://spark.apache.org/docs/latest/index.html.

[2] 于俊，等．Spark 核心技术与高级应用[M]．北京：机械工业出版社，2016．

[3] 陈欢，等．Spark 最佳实践[M]．北京：人民邮电出版社，2016．

第 6 章

Spark SQL

Spark SQL 是 Spark 的一个结构化数据处理模块，其提供了分布式 SQL 查询引擎和结构化数据编程接口 DataFrame，在 Spark 生态系统中处于访问与接口层。在 Spark SQL 出现之前 Spark 组件 Shark 也提供结构化数据 SQL 查询功能，Shark 是伯克利 AMP 实验室对 Hive 的改造，用以解决 Hive 背后使用 MapReduce 而产生的执行效率问题。Shark 将 Hive 的计算引擎 MapReduce 替换为 Spark 引擎，使得 SQL 查询速度得到 10~100 倍的提升。但由于 Shark 对 Hive 依赖较多，制约了其与 Spark 各组件的集成，而 Spark SQL 项目要解决 Shark 遇到的问题，它抛弃了 Shark 的代码，重新进行了开发，同时汲取了 Shark 的优点，直接基于 Spark 架构实现，效率比 Shark 有所提升。Spark SQL 随着 Spark1.3 版本正式发布成为 Spark 中处理结构化数据的最佳组件，而 Shark 项目也随之停止更新。

本章对 Spark SQL 进行了较为系统全面的介绍，内容包括 Spark SQL 的体系架构与基本原理，支持的 SQL 语法及数据类型，Spark SQL CLI 的基本操作，Thrift JDBC/ODBC 的搭建等。通过本章的学习和实验，读者可以熟悉 Spark SQL 的配置、管理及操作使用的全过程。

6.1 Spark SQL 简介

6.1.1 Spark SQL 概览

Spark SQL 提供了以下两种方式来处理结构化数据。

1. 分布式 SQL 引擎

外部程序以分布式 SQL 引擎的方式使用 Spark SQL 处理结构化数据，包括标准接口 JDBC/ODBC 和命令行方式两种方法。通过标准接口 JDBC/ODBC 可以让第三方软件接入 Spark，使用 SQL 查询数据，如图 6-1 所示，而命令行方式则为数据分析人员提供了一种可以使用 SQL 的数据查询分析工具，如图 6-2 所示。

图 6-1　通过 JDBC/ODBC 接口使用 Spark SQL

图 6-2　通过命令行接口使用 Spark SQL

2. DataFrame 编程接口

使用 Spark 处理结构化数据的另一种方法是编写 Spark 程序处理数据，在程序中调用 Spark SQL 提供的 DataFrame 编程接口，如图 6-3 所示。DataFrame 编程接口支持编程语言 Scala、Java、Python 和 R，提供了结构化数据操作方法及结构化的分布式数据集，同时还支持在 Spark 程序中使用 SQL 语言操作数据，返回的数据封装在 DataFrame 分布式数据集中，可以使用 DataFrame API 对其进一步操作。

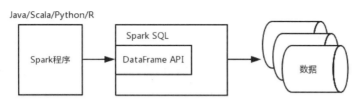

图 6-3　Spark 程序使用 DataFrame 编程接口

DataFrame 分布式数据集是 Spark SQL 为结构化数据提供的数据抽象，和第 5 章介绍的分布式弹性数据集（RDD）类似，可对其进行函数式操作（map,filter,select,groupby 等）。与 RDD 不同的是 DataFrame 具有数据列信息，与关系数据库中的表很像，可以较好地表示结构化信息。DataFrame 数据集可以从结构化数据文件（如 Json、Parquet 文件）、Hive

表、外部数据库、RDD 等数据源转化而来。

DataFrame API 对各种数据源的支持使得 Spark SQL 可以处理各种类型的结构化数据，并可以方便地增加支持新类型的结构化数据，如图 6-4 所示。

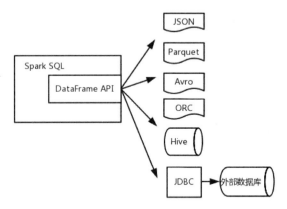

图 6-4　Spark SQL 数据源

6.1.2　Spark SQL 特性

Spark SQL 具有以下特性。

1. 与 Spark 程序的无缝集成

可以在 Spark 程序中通过 SQL 语言或者 DataFrame API 使用 Spark SQL 处理结构化数据，支持编程语言 Java、Scala、Python 和 R。

2. 统一的数据访问方法

DataFrame API 与 SQL 语言一样提供了一种通用的方法来访问各种数据源，包括 Hive、Parquet、JSON、JDBC 等。在 Spark SQL 中甚至可以对不同类型的数据源进行连接操作。

3. 兼容 Hive

Hive 查询可以不修改，直接到 Spark SQL 运行。将 Hive 与 Spark SQL 部署在一起，Spark SQL 便可以兼容 Hive 的数据、查询和用户定义函数。

4. 标准的访问接口

Spark SQL 提供了搭建 JDBC/ODBC 服务器的方法，即提供了标准接口以供第三方软件访问。

6.1.3　Spark SQL 架构与原理

Spark SQL 架构如图 6-5 所示，Spark SQL 接收来自 JDBC/ODBC、

命令行、Spark 程序的结构化数据操作请求，并最终转化为 Spark 作业运行。其中 JDBC/ODBC 和命令行使用 SQL 语言操作数据，而 Spark 程序使用 DataFrame/DataSet API 操作数据，也可以直接使用 RDD API（第 5 章中已介绍）。Spark SQL 主要包括了两个组件：DataFrame/DataSet API 和 Catalyst 优化器，DataFrame/DataSet API 提供了结构化数据操作编程接口，Catalyst 优化器提供了解析 SQL 和 DataFrame 操作、逻辑执行计划的分析与优化、物理执行计划的生成与选择、代码生成等功能。

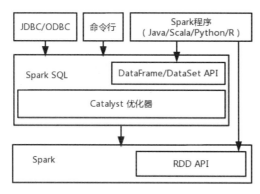

图 6-5　Spark SQL 架构

在 Spark SQL 中结构化数据操作（SQL 或 DataFrame 操作）不会立即执行，与 RDD 的惰性（Lazy）计算类似，只有在要求数据输出时才会执行。在数据操作真正执行前，所有的数据操作都被认为是执行计划。这种机制有利于进行数据操作优化，而 Catalyst 优化器是优化执行计划的核心组件，其执行流程如图 6-6 所示。SQL 查询或者 DataFrame 操作被 Catalyst 解析为逻辑执行计划，逻辑执行计划被分析和优化后生成多个物理执行计划，Catalyst 对这些物理执行计划进行评估并选择出最优方案，最终依据物理执行计划生成代码并在 Spark 平台上运行。

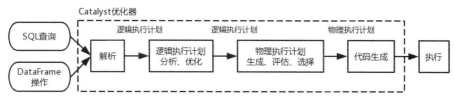

图 6-6　Catalyst 优化器

Spark 版本 1.3 中引入了 DataFrame API，其提供了分布式数据集 DataFrame。与分布式数据集 RDD 相比，DataFrame 在内存中使用了高效的列式存储方法，不使用 JVM 堆（heap）存放数据而且使用内存较少。但是 DataFrame 的操作和 RDD 操作差异较大，DataFrame 操作面向关系查询,可以使用 Catalyst 优化器优化。在 Spark 版本 2.0 中又引入了 DataSet API,其提供了分布式数据集 DataSet,目的是统一 RDD API 与 DataFrame API。DataSet 数据集具有类似 DataFrame 的高效内存存储方法,并具有 RDD API 和 DataFrame API 的操作方法。DataSet API 只适用于 Java 或 Scala 语言,而 DataFrame API 适用于 Java、Scala、Python 和 R 语言,故 DataFrame API 被保留了下来。在 Java 或 Scala 中 DataSet API 完全替代了 DataFrame API,DataFrame 数据集是一种 DataSet 数据集,实际操作中只需使用 DataSet API。表 6-1 列出了这三种 API 的比较。

表 6-1 Spark API 比较

	RDD API	DataFrame API	DataSet API
引入版本	Spark 1.0	Spark 1.3	Spark 2.0
使用语言	Java/Scala/Python/R	Java/Scala/Python/R	Java/Scala
内存存储方法	JVM 对象	列式存储	列式存储
内存数据是否使用堆(heap)	是	否	否
使用 Catalyst 优化器	否	是	是
编译期类型检查	支持	不支持	支持

6.1.4 和 Hive 的兼容性

Spark SQL 中使用的 SQL 语法基本上完全兼容 HiveQL,关于 HiveQL 的语法参考第 4 章的介绍。

Spark SQL 支持大部分 HiveQL,具体包括以下几方面。

- ❑ Hive 查询语句,包括如下子句。
  - ✧ SELECT
  - ✧ GROUP BY
  - ✧ ORDER BY
  - ✧ CLUSTER BY
  - ✧ SORT BY
- ❑ 所有的 Hive 运算符。
- ❑ 用户定义函数(UDF)。
- ❑ 用户定义聚合函数(UDAF)。
- ❑ 用户定义序列化格式(SerDes)。
- ❑ 窗口函数。

- 连接（Joins），包括：
  - JOIN
  - {LEFT|RIGHT|FULL} OUTER JOIN
  - LEFT SEMI JOIN
  - CROSS JOIN
- Unions
- 子查询
  - SELECT col FROM (SELECT a + b AS col from t1) t2
- Sampling
- Explain
- 表分区
- View
- 所有的 DDL()函数
- 大部分的数据类型，包括：
  - TINYINT
  - SMALLINT
  - INT
  - BIGINT
  - BOOLEAN
  - FLOAT
  - DOUBLE
  - STRING
  - BINARY
  - TIMESTAMP
  - DATE
  - ARRAY<>
  - MAP<>
  - STRUCT<>

有一些实际中不常用的 Hive 特性，Spark SQL 是不支持的，如 Hive 的 bucket 表、UNION 类型、Unique join 等。

6.1.5 数据类型

Spark SQL 支持的数据类型如下。
- 数值类型
  - ByteType   单字节有符号整数

- ✧ ShortType 双字节有符号整数
- ✧ IntegerType 4 字节有符号整数
- ✧ LongType 8 字节有符号整数
- ✧ FloatType 4 字节单精度浮点数
- ✧ DoubleType 8 字节双精度浮点数
- ✧ DecimalType 任意精度有符号小数
❑ 字符串类型
- ✧ StringType 字符串
❑ 二进制类型
- ✧ BinaryType 二进制序列
❑ 布尔类型
- ✧ BooleanType 布尔值
❑ 时间日期类型
- ✧ TimestampType 包含年、月、日、小时、分钟、秒的时间信息
- ✧ DataType 包含年、月、日的日期信息
❑ 复合类型
- ✧ ArrayType(elementType, containsNull)
  由 elementType 构成的数组类型，containsNull 用来标明是否可以包含空值。
- ✧ MapType(keyType, valueType, valueContainsNull)
  由 keyType 和 valueType 构成的键值对类型，valueContainsNull 用来标明值是否可以包含空值。
- ✧ StructType(fields)
  由一组字段构成的结构体，字段定义方法为 StructField (name,dataType,nullable)，name 为字段名，dataType 为字段类型，nullable 标明字段值是否可以为空。

6.2 分布式 SQL 引擎

6.2.1 Spark SQL 配置

在使用 Spark SQL 之前需要配置元数据库与表数据的位置，默认情况下元数据库与表数据都存放在启动 Spark SQL CLI（命令行）或者 JDBC 服务器的本地磁盘上，这适用于学习与测试。而在实际使用中为

了充分使用集群资源和提高数据的可靠性，表数据选择存放在 HDFS 上，元数据选择存放在 MySQL 数据库中。MySQL 是可靠的关系数据库，适合存储元数据库。

本章所用的 Spark 环境在第 5 章介绍的 Spark 与 Hadoop 混合集群上进一步搭建，加入 MySQL 数据库和 Thrift JDBC/ODBC Server。MySQL 元数据库在实际应用中需要独立部署，这里选择部署在 cloud2 上。Thrift JDBC/ODBC Server 在实际应用中也需要独立部署，为了接近实际部署环境，把它部署到 cloud3 上，与 MySQL 元数据库的部署分离。具体规划如表 6-2 所示。

表 6-2　Spark SQL 环境

机器名	Spark 角色	Hadoop 角色	IP 地址
cloud1	Master	NameNode SecondaryNameNode ResourceManager	192.168.100.10
cloud2	Slave MySQL 元数据库	DataNode NodeManager	192.168.100.11
cloud3	Slave Thrift JDBC/ODBC Server	DataNode NodeManager	192.168.100.12

Spark SQL 配置分为元数据库搭建、mysql-connector 配置和 hive-site.xml 配置三个步骤。

1. **MySQL 元数据库搭建**

（1）准备 MySQL 数据库。

在第 5 章中使用了 cloud1、cloud2 和 cloud3 三台机器搭建 Hadoop 与 Spark 混合集群，这里选择 cloud2 部署 MySQL 数据库。MySQL 数据库在不同版本 Linux 上的部署方法各有不同，此处不再详述。可以参考 MySQL 的官方文档，例如 MySQL 5.6 版本的 Linux 安装文档可访问如下网址：

https://dev.mysql.com/doc/refman/5.6/en/linux-installation.html

（2）创建数据库用户 sparksql。

使用 root 用户启动 MySQL，命令如下：

```
mysql --user=root -p
```

启动后在 MySQL 命令行中使用以下命令创建用户 sparksql，密码也为 sparksql，并具有对 hiveMetastore 数据库的全部访问权限，命令如下：

```
grant all on hiveMetastore.* to 'sparksql'@'localhost' identified by 'sparksql';
grant all on hiveMetastore.* to 'sparksql'@'cloud1' identified by 'sparksql';
grant all on hiveMetastore.* to 'sparksql'@'cloud3' identified by 'sparksql';
flush privileges;
```

（3）创建元数据库 hiveMetastore。

在 MySQL 命令行中使用以下命令创建元数据库 hiveMetastore：

```
create database hiveMetastore;
```

2. mysql-connector 配置

（1）下载 mysql-connector-java-5.1.41-bin.jar。

到 MySQL 官方网站下载 mysql-connector-java-5.1.41-bin.jar 文件，官网地址为 https://dev.mysql.com/downloads/connector/j/5.1.html，下载后将此文件放到 Spark 节点的/home/dtadmin 目录下。

（2）配置 conf/spark-env.sh。

在 spark 配置文件 spark-env.sh 中增加环境变量 SPARK_CLASSPATH 的配置，如下所示：

```
export SPARK_CLASSPATH=\
$SPARK_CLASSPATH:/home/dtadmin/mysql-connector-java-5.1.41-bin.jar
```

3. hive-site.xml 配置

在 Spark conf 目录下新建 hive-site.xml 文件，内容如下：

```xml
<?xml version="1.0"?>
<?xml-stylesheet type="text/xsl" href="configuration.xsl"?>
<configuration>
    <property>
        <name>hive.metastore.warehouse.dir</name>
        <value>hdfs://cloud1:9000/hive/warehouse</value>
        <description>location of database for the warehouse</description>
    </property>
    <property>
        <name>javax.jdo.option.ConnectionURL</name>
        <value>jdbc:mysql://192.168.100.11:3306/hiveMetastore</value>
        <description>JDBC connect string for a JDBC metastore</description>
    </property>
    <property>
        <name>javax.jdo.option.ConnectionDriverName</name>
        <value>com.mysql.jdbc.Driver</value>
        <description>Driver class name for a JDBC metastore</description>
```

```xml
        </property>
        <property>
            <name>javax.jdo.option.ConnectionUserName</name>
            <value>sparksql</value>
            <description>username to use against metastore database</description>
        </property>
        <property>
            <name>javax.jdo.option.ConnectionPassword</name>
            <value>sparksql</value>
            <description>password to use against metastore database</description>
        </property>
        <property>
            <name>javax.jdo.option.Multithreaded</name>
            <value>true</value>
        </property>
</configuration>
```

配置文件的 hive.metastore.warehouse.dir 属性指定了表数据存于 HDFS，路径为 hdfs://cloud1:9000/hive/warehouse。元数据库使用 MySQL 数据库 hiveMetaStore，对应的 JDBC 连接字符串为 jdbc:mysql://192.168.100.11:3306/hiveMetastore，同时还配置了数据库用户名和密码。javax.jdo.option.Multithreaded 属性设为 true 表示可以并发访问元数据库。

配置完成后需重新启动 Spark，登录到 Master 节点 cloud1 并进入 Spark 目录，执行以下命令重启集群：

```
./sbin/stop-all.sh
./sbin/start-all.sh
```

至此 Spark SQL 的 MySQL 元数据库及 HDFS 存储配置完成。

6.2.2 Spark SQL CLI

Spark SQL CLI 提供了命令行接口使用 SQL 语言与 Spark SQL 交互，其使用 Hive 元数据服务并以本地模式的方式运行。执行 spark-sql 命令即可进入 Spark SQL CLI，命令如下：

```
cd ~/spark-2.1.0-bin-hadoop2.7
./bin/spark-sql
```

这里没有指定 spark-sql 的参数，后台启动的 Spark 程序以本地模式运行。可通过--master 参数指定 Master URL，以集群模式运行 spark-sql 后台程序。

启动后运行界面如图 6-7 所示，日志的最后显示了 Warehouse 位置为 HDFS 目录/hive/warehouse。

```
17/08/05 01:27:23 : Created HDFS directory: /tmp/hive/dta
dmin/2c89bf04-9ee7-4acc-a254-5cbe5bc1a579
17/08/05 01:27:24 : Created local directory: /tmp/dtadmin
/2c89bf04-9ee7-4acc-a254-5cbe5bc1a579
17/08/05 01:27:24 : Created HDFS directory: /tmp/hive/dta
dmin/2c89bf04-9ee7-4acc-a254-5cbe5bc1a579/_tmp_space.db
17/08/05 01:27:24 : Warehouse location for Hive client (v
ersion 1.2.1) is hdfs://cloud1:9000/hive/warehouse
spark-sql>
```

图 6-7　Spark SQL CLI 启动界面

可以直接在命令行中使用 SQL 语言操作数据，下面以创建数据库、创建表、插入、查询数据等操作为例，列出常用的数据库操作。

1. 创建数据库

使用如下 create database 语句创建数据库 mytestdb：

`create database mytestdb;`

2. 查看数据库

使用 show databases 语句查看系统中的数据库：

`show databases;`

输出结果如图 6-8 所示，显示了两个数据库：default 和 mytestdb，default 数据库为系统默认数据库。

```
default
mytestdb
Time taken: 7.364 seconds, Fetched 2 row(s)
```

图 6-8　show databases 语句输出

3. 指定当前数据库

使用如下 use 语句指定当前数据库为 mytestdb：

`use mytestdb;`

4. 创建表

使用如下 create table 语句创建表 test_tbl，此表有三个字段：int 类型的字段 id、string 类型的字段 name、int 类型的字段 value。

`create table test_tbl(id int, name string, value int);`

5. 查看表定义

使用如下 desc 命令查看表 test_tbl 的定义：

`desc test_tbl;`

输出结果如图 6-9 所示。

```
id      int     NULL
name    string  NULL
value   int     NULL
Time taken: 0.821 seconds, Fetched 3 row(s)
```

图 6-9 desc 命令输出

6．列出当前数据库中的表

使用 show tables 语句查看当前数据库中的所有表：

```
show tables;
```

输出结果如图 6-10 所示，显示了数据库 mytestdb 中刚建好的表 test_tbl。

```
mytestdb        test_tbl        false
Time taken: 0.225 seconds, Fetched 1 row(s)
```

图 6-10 show tables 语句输出

7．插入数据

使用如下 insert into table 语句插入两条数据：

```
insert into table test_tbl values(0,"blue",10);
insert into table test_tbl values(1,"red",20);
```

8．查询数据

使用 select 语句查询数据。

（1）查询所有数据

```
select * from test_tbl;
```

输出结果如图 6-11 所示。

```
0       blue    10
1       red     20
```

图 6-11 select 所有数据输出

（2）条件查询

```
select * from test_tbl where value>15;
```

输出结果如图 6-12 所示。

```
1       red     20
Time taken: 1.444 seconds, Fetched 1 row(s)
```

图 6-12 select 部分数据输出

9. 删除表

使用如下 drop table 语句删除表:

```
drop table test_tbl;
```

10. 删除数据库

使用如下 drop database 语句删除数据库(仅当该库中所有表都被删除后才能操作成功):

```
drop database mytestdb;
```

6.2.3 Thrift JDBC/ODBC Server 的搭建与测试

1. 启动 Thrift JDBC/ODBC Server

在 Spark SQL 环境的规划中，Thrift JDBC/ODBC Server 部署在 cloud3 上。登录 cloud3，进入 Spark 目录后执行以下命令即可启动 Thrift JDBC/ODBC server:

```
./sbin/start-thriftserver.sh
```

执行命令后启动界面如图 6-13 所示。

```
[dtadmin@cloud3 spark-2.1.0-bin-hadoop2.7]$ ./sbin/start-
thriftserver.sh
starting org.apache.spark.sql.hive.thriftserver.HiveThrif
tServer2, logging to /home/dtadmin/spark-2.1.0-bin-hadoop
2.7/logs/spark-dtadmin-org.apache.spark.sql.hive.thriftse
rver.HiveThriftServer2-1-cloud3.out
```

图 6-13 执行 Thrift JDBC/ODBC Server 启动脚本

启动脚本输出日志路径后便退出，按照日志路径查看日志，如图 6-14 所示，日志中显示"HiveThriftServer2 started"，表明启动成功。

```
17/08/05 02:38:10 INFO service.AbstractService: Service:T
hriftBinaryCLIService is started.
17/08/05 02:38:10 INFO service.AbstractService: Service:H
iveServer2 is started.
17/08/05 02:38:10 INFO thriftserver.HiveThriftServer2: Hi
veThriftServer2 started
```

图 6-14 Thrift JDBC/ODBC Server 启动日志

此时使用 jps 查看 Java 进程，如图 6-15 所示。可以看到进程 ID 为 7588 的 SparkSubmit 进程，此进程即为 Thrift JDBC/ODBC Server 的后台进程。

```
[dtadmin@cloud3 spark-2.1.0-bin-hadoop2.7]$ jps
7588 SparkSubmit
2934 NodeManager
7865 Jps
2810 DataNode
5647 Worker
```

图 6-15 使用 jps 命令查看 Java 进程

Thrift JDBC/ODBC Server 默认情况下使用端口号 10000，可以使用 netstat 命令 netstat -ntap|grep 7558（7558 为 jps 命令查到的进程 ID）查看，如图 6-16 所示。

```
[dtadmin@cloud3 spark-2.1.0-bin-hadoop2.7]$ netstat -ntap|grep 7588
(Not all processes could be identified, non-owned process info
 will not be shown, you would have to be root to see it all.)
tcp6   0   0 192.168.100.12:34893    :::*              LISTEN      7588/java
tcp6   0   0 :::10000                :::*              LISTEN      7588/java
tcp6   0   0 192.168.100.12:45303    :::*              LISTEN      7588/java
tcp6   0   0 :::4040                 :::*              LISTEN      7588/java
tcp6   0   0 192.168.100.12:45800    192.168.100.11:3306 ESTABLISHED 7588/java
```

图 6-16 使用 netstat 命令查看 Thrift JDBC/ODBC Server 使用的端口

可以使用命令行参数修改其使用的端口和主机，hive.server2.thrift.port 指定其绑定的端口号，hive.server2.thrift.bind.host 指定其绑定的主机，命令如下：

```
./sbin/start-thriftserver.sh \
--hiveconf hive.server2.thrift.port=<listening-port> \
--hiveconf hive.server2.thrift.bind.host=<listening-host> \
--master <master-uri>
```

2. 使用 Beeline 测试 Thrift JDBC/ODBC Server

Beeline 是 HiveServer2 提供的命令行工具，作为 JDBC 客户端使用。使用 Beeline 可以测试 Thrift JDBC/ODBC Server，可以在任意一台 Spark 节点上启动 Beeline。选择登录到 cloud1，进入 Spark 目录后执行以下命令启动：

```
./bin/beeline
```

启动后在 Beeline 命令行中执行以下命令连接 Thrift JDBC/ODBC Server：

```
!connect jdbc:hive2://cloud3:10000
```

Beeline 命令行要求输入用户名和密码，可以选择不提供，直接按 Enter 键即可。如图 6-17 所示。

```
beeline> !connect jdbc:hive2://cloud3:10000
Connecting to jdbc:hive2://cloud3:10000
Enter username for jdbc:hive2://cloud3:10000:
Enter password for jdbc:hive2://cloud3:10000:
17/08/05 02:56:55 : Supplied authorities: cloud3:10000
17/08/05 02:56:55 : Resolved authority: cloud3:10000
17/08/05 02:56:56 : Will try to open client transport wit
h JDBC Uri: jdbc:hive2://cloud3:10000
Connected to: Spark SQL (version 2.1.0)
Driver: Hive JDBC (version 1.2.1.spark2)
Transaction isolation: TRANSACTION_REPEATABLE_READ
0: jdbc:hive2://cloud3:10000>
```

图 6-17　使用 Beeline 连接 Thrift JDBC/ODBC Server

接下来便可以使用 SQL 语句操作数据，这里列举几个常用的 SQL 查询。

（1）查看数据库。使用 show database 列出所有的数据库，如图 6-18 所示。

```
0: jdbc:hive2://cloud3:10000> show databases;
+--------------+--+
| databaseName |
+--------------+--+
| default      |
| mytestdb     |
+--------------+--+
```

图 6-18　使用 show databases 列出所有数据库

（2）指定当前数据库。使用如下 use 语句指定当前数据库为 mytestdb：

use mytestdb;

（3）查看当前数据库中的表。使用 show tables 语句列出当前数据中的所有表，如图 6-19 所示。

```
0: jdbc:hive2://cloud3:10000> show tables;
+----------+-----------+-------------+--+
| database | tableName | isTemporary |
+----------+-----------+-------------+--+
| mytestdb | test_tbl  | false       |
+----------+-----------+-------------+--+
1 row selected (0.315 seconds)
0: jdbc:hive2://cloud3:10000>
```

图 6-19　使用 show tables 列出当前数据库中所有表

（4）查询数据。查询 test_tbl 表中的所有数据，如图 6-20 所示。

```
0: jdbc:hive2://cloud3:10000> select * from test_tbl;
+-----+------+-------+--+
| id  | name | value |
+-----+------+-------+--+
| 0   | blue | 10    |
| 1   | red  | 20    |
+-----+------+-------+--+
2 rows selected (3.618 seconds)
0: jdbc:hive2://cloud3:10000>
```

图 6-20　查询 test_tbl 表中所有数据

由于元数据库配置在 MySQL 中，数据库表数据存放在 HDFS 中，Beeline 查询到的数据库、表都与 Spark SQL CLI 查到的一致。至此 Beeline 测试通过，Thrift JDBC/ODCB Server 搭建成功，第三方软件可以通过 JDBC/ODBC 接口连入 Spark SQL。

6.3 使用 DataFrame API 处理结构化数据

在使用 DataFrame API 处理数据前先准备好测试数据，以 json 文件为例。这里的 json 文件的格式和普通的 json 文件格式稍有不同，文件中的一行为一个完整的 json 对象，数据和格式如图 6-21 所示。

```
{"id":1,"colorValue":20,"name":"fruit_apple"}
{"id":2,"colorValue":10,"name":"fruit_blueberry"}
{"id":3,"colorValue":20,"name":"fruit_grape"}
{"id":4,"colorValue":10,"name":"vegetables_radish"}
{"id":5,"colorValue":30,"name":"vegetables_greens"}
{"id":6,"colorValue":30,"name":"vegetables_cucumber"}
```

图 6-21　json 测试数据

把上述 json 文件 test.json 上传到 HDFS/testdata 目录，使用命令如下：

```
export HADOOP_HOME=~/hadoop-2.7.3
$HADOOP_HOME/bin/hadoop fs -put ./test.json /testdata/
```

在第五章中介绍过 Spark Shell 的使用，Spark Shell 适用于学习 Spark API，这里选择用 Spark Shell 演示 DataFrame API 的使用。具体步骤如下：

（1）启动 Spark Shell。登录到 cloud1，进入 Spark 目录后执行如下命令启动：

```
./bin/spark-shell
```

启动界面如图 6-22 所示，Spark Shell 已创建好一个名为"spark"的 Spark session 对象，后续可以直接使用。

```
Spark session available as 'spark'.
Welcome to
      ____              __
     / __/__  ___ _____/ /__
    _\ \/ _ \/ _ `/ __/  '_/
   /___/ .__/\_,_/_/ /_/\_\   version 2.1.0
      /_/

Using Scala version 2.11.8 (Java HotSpot(TM) 64-Bit Server VM, Java 1.8.0_121)
Type in expressions to have them evaluated.
Type :help for more information.
```

图 6-22　Spark Shell 启动界面

（2）读取 json 文件。使用 Spark session 对象读取 HDFS 上的 json 文件，如图 6-23 所示。HDFS 文件路径为/testdata/test.json，返回 DataFrame 对象 df_json。

```
scala> val df_json=spark.read.json("HDFS://cloud1:9000/te
stdata/test.json")
df_json: org.apache.spark.sql.DataFrame = [colorValue: bi
gint, id: bigint ... 1 more field]
```

图 6-23　使用 Spark session 对象读取 HDFS 文件

使用 printSchema()函数输出结构化信息，可以看到列名和类型信息，如图 6-24 所示。

```
scala> df_json.printSchema()
root
 |-- colorValue: long (nullable = true)
 |-- id: long (nullable = true)
 |-- name: string (nullable = true)
```

图 6-24　查看 schema 信息

（3）过滤选择数据。DataFrame 的过滤方法与 RDD 的过滤类似，都使用 filter()函数。但是 filter()函数的参数却有不同，DataFrame 中 filter()函数的参数与 SQL 中的 where 操作类似，如 filter($"value">10) 与 SQL 中的 where value>10 等价。

在本例中有两个过滤：选择 colorValue 字段等于 10 和 name 字段以 fruit 为前缀的记录。执行代码如下：

```
val df_a = df_json.filter($"colorValue"===10)          #选择 colorValue 等于 10
val df_b = df_a.filter($"name".startsWith("fruit"))    #选择 name 以 fruit 开始
```

执行结果如图 6-25 所示。

```
scala> val df_a = df_json.filter($"colorValue"===10)
df_a: org.apache.spark.sql.Dataset[org.apache.spark.sql.R
ow] = [colorValue: bigint, id: bigint ... 1 more field]
scala> val df_b = df_a.filter($"name".startsWith("fruit")
)
df_b: org.apache.spark.sql.Dataset[org.apache.spark.sql.R
ow] = [colorValue: bigint, id: bigint ... 1 more field]
```

图 6-25　对 DataFrame 执行 filter()操作

（4）选择字段。选择字段操作是通过 DataFrame 对象的 select()函数实现的，函数参数为选择的字段。选择 name 字段和 colorValue 字段，代码如下：

```
val df_final = df_b.select("name","colorValue")
```

执行结果如图 6-26 所示。

```
scala> val df_final = df_b.select("name","colorValue")
df_final: org.apache.spark.sql.DataFrame = [name: string,
 colorValue: bigint]
```

图 6-26　对 DataFrame 执行 select()操作

（5）输出结果。使用 DataFrame 的 show()函数可以输出数据。DataFrame 的数据处理方法与 RDD 计算类似，都通过惰性（Lazy）计算得出最终结果。与 RDD 行动操作一样，执行 DataFrame 的数据输出函数才会执行之前定义的数据操作。这里在执行 show()函数前，先打开 Spark Shell 的 Web 界面，查看 Spark SQL 查询状态。访问如下 URL：http://cloud1:4040/SQL/，如图 6-27 所示，可以看到没有 Spark SQL 查询运行过。

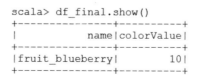

图 6-27　执行 show()函数前查看 Spark SQL 查询状态

执行 show()函数，命令如下：

`df_final.show()`

Spark Shell 输出结果如图 6-28 所示。

```
scala> df_final.show()
+---------------+----------+
|           name|colorValue|
+---------------+----------+
|fruit_blueberry|        10|
+---------------+----------+
```

图 6-28　执行 show()函数输出结果

（6）查看 Spark SQL 查询状态。在输出结果后通过 Spark Shell Web 界面查看 Spark SQL 查询状态，此时在"Completed Queries"列表中有一个完成的查询，如图 6-29 所示。

ID	Description		Submitted	Duration	Jobs
0	show at <console>:32	+details	2017/04/01 11:04:58	4 s	1

图 6-29　执行 show()函数后查看 Spark SQL 查询状态

单击此查询查看详细信息，可以看到 DataFrame 的转换操作流程，如图 6-30 所示。首先读取 json 文件创建 DataFrame，然后进行 filter() 操作和选择操作（project），最后收集数据输出。继续单击"Details"可以进一步查看 Spark SQL 中的 Catalyst 组件分析、优化过的逻辑计划及最终执行的物理计划等信息。

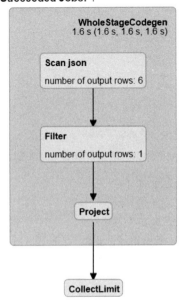

图 6-30　DataFrame 转换流程

解析后的逻辑计划如图 6-31 所示，逻辑计划以倒推的方式组织。位于最下方的 Relation[colorValue#0L,id#1L,name#2] json 代表了从 json 文件创建的数据集，依次经过两次 Filter 操作和 Project（选择字段）操作，最终得到结果。

```
== Parsed Logical Plan ==
GlobalLimit 21
+- LocalLimit 21
   +- Project [name#2, colorValue#0L]
      +- Filter StartsWith(name#2, fruit)
         +- Filter (colorValue#0L = cast(10 as bigint))
            +- Relation[colorValue#0L,id#1L,name#2] json
```

图 6-31　解析后的逻辑计划

经过 Catalyst 分析的逻辑计划如图 6-32 所示，这里给出了 name 字段与 colorValue 字段的类型。

```
== Analyzed Logical Plan ==
name: string, colorValue: bigint
GlobalLimit 21
+- LocalLimit 21
   +- Project [name#2, colorValue#0L]
      +- Filter StartsWith(name#2, fruit)
         +- Filter (colorValue#0L = cast(10 as bigint))
            +- Relation[colorValue#0L,id#1L,name#2] json
```

图 6-32　分析后的逻辑计划

优化的逻辑计划如图 6-33 所示，可以看出这里把两次 Filter() 操作合并为一次 Filter 操作，减少了一次 DataFrame 转换，优化了 DataFrame 操作。

```
== Optimized Logical Plan ==
GlobalLimit 21
+- LocalLimit 21
   +- Project [name#2, colorValue#0L]
      +- Filter ((isnotnull(colorValue#0L) && (colorValue#0L = 10)) && StartsWith(name#2, fruit))
         +- Relation[colorValue#0L,id#1L,name#2] json
```

图 6-33　优化的逻辑计划

最后的物理计划如图 6-34 所示，物理计划中包含了操作的详细信息，可以生成代码执行。

```
== Physical Plan ==
CollectLimit 21
+- *Project [name#2, colorValue#0L]
   +- *Filter ((isnotnull(colorValue#0L) && (colorValue#0L = 10)) && StartsWith(name#2, fruit))
      +- *FileScan json [colorValue#0L,name#2] Batched: false, Format: JSON, Location: InMemoryFileIndex[HDFS://cloud1:9000/testdata/test.json], PartitionFilters: [], PushedFilters: [IsNotNull(colorValue), EqualTo(colorValue,10), StringStartsWith(name,fruit)], ReadSchema: struct<colorValue:bigint,name:string>
```

图 6-34　物理计划

至此完成了 DataFrame API 对结构化数据 json 文件的操作，通过这个过程，读者可以了解 DataFrame API 处理结构化数据的方法、步骤以及 Catalyst 组件对结构化操作的优化步骤和原理。

实验 5　Thrift JDBC/ODBC Server 的搭建与测试

实验目的

本实验的目的如下：
- 掌握 Spark SQL 体系架构。

- 掌握 Thrift JDBC/ODBC Server 部署配置步骤。
- 掌握使用 Beeline 测试 Thrift JDBC/ODBC Server 的方法。

实验要求

本实验的要求如下：
- 配置 MySQL 为 Spark SQL 的元数据库。
- 配置 HDFS 为 Spark SQL 的数据存储。
- 使用 Beeline 连接 Thrift JDBC/ODBC Server。
- 运行 SQL 语句，测试 Spark SQL 的功能。

实验步骤

本实验步骤如下（在 Spark 与 Hadoop 混合集群的基础上配置）：

（1）安装 MySQL 数据库。
（2）创建数据库用户 sparksql 并授权。
（3）创建元数据库 hiveMetaStore。
（4）配置 mysql-connector。
（5）配置 hive-site.xml 文件。
（6）启动 Thrift JDBC/ODBC Server。
（7）使用 Beeline 连接 Thrift JDBC/ODBC Server。
（8）使用 show databases，use <db>，show tables，desc <table>等 SQL 语句测试 Spark SQL 的功能。

习题 6

1. Spark SQL 作为分布式 SQL 引擎有哪几种使用方法？
2. Spark SQL 中的 DataFrame 与 RDD 有何区别？
3. DataSet API 与 DataFrame API 的区别是什么？
4. DataFrame API 支持哪些数据源？请列举 3 个。
5. Catalyst 优化器对 DataFrame 操作优化吗？
6. Catalyst 如何优化逻辑执行计划？请举例说明。
7. Spark SQL CLI 的元数据库和数据默认情况下分别存放在什么地方？

参考文献

[1] Spark 官方文档 http://spark.apache.org/docs/latest/index.html.

[2] Spark SQL: Relational Data Processing in Spark/Michael Armbrust…: SIGMOD，2015.

[3] 于俊，等. Spark 核心技术与高级应用[M]. 北京：机械工业出版社，2016.

[4] 陈欢，等. Spark 最佳实践[M]. 北京：人民邮电出版社，2016.

附录 A

大数据和人工智能实验环境

1. 大数据实验环境

一方面,大数据实验环境安装、配置难度大,高校难以为每个学生提供实验集群,实验环境容易被破坏;另一方面,实用型大数据人才培养面临实验内容不成体系、课程教材缺失、考试系统不客观、缺少实训项目以及专业师资不足等问题,实验开展束手束脚。

大数据实验平台(bd.cstor.cn)可提供便捷实用的在线大数据实验服务。同步提供实验环境、实验课程、教学视频等,帮助轻松开展大数据教学与实验。在大数据实验平台上,用户可以根据学习基础及时间条件,灵活安排 3~7 天的学习计划,进行自主学习。大数据实验平台 1.0 界面如图 A-1 所示。

图 A-1 大数据实验平台 1.0 界面

作为一站式的大数据综合实训平台,大数据实验平台同步提供实验环境、实验课程、教学视频等,方便轻松开展大数据教学与实验。平台基于 Docker 容器技术,可以瞬间创建随时运行的实验环境,虚拟出大量实验集群,方便上百用户同时使用。通过采用 Kubernates 容器编排架构管理集群,用户实验集群隔离、互不干扰,并可按需配置包含 Hadoop、HBase、Hive、Spark、Storm 等组件的集群,或利用平台提供的一键搭建集群功能快速搭建。

实验内容涵盖 Hadoop 生态、大数据实战原理验证、综合应用、自主设计及创新的多层次实验内容等,每个实验呈现详细的实验目的、实验内容、实验原理和实验流程指导。实验课程包括 36 个 Hadoop 生态大数据实验和 6 个真实大数据实战项目。平台内置数据挖掘等教学实验数据,也可导入高校各学科数据进行教学、科研,校外培训机构同样适用。

此外,如果学校需要自己搭建专属的大数据实验环境,BDRack 大数据实验一体机(http://www.cstor.cn/proTextdetail_11007.html)可针对大数据实验需求提供完善的使用环境,帮助高校建设搭建私有的实验环境。其部署规划如图 A-2 所示。

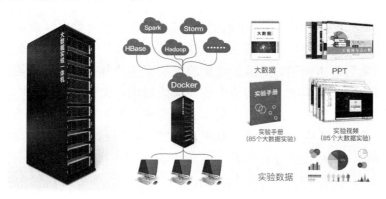

图 A-2　BDRack 大数据实验一体机部署规划

基于容器 Docker 技术,大数据实验一体机采用 Mesos+ZooKeeper+Marathon 架构管理 Docker 集群。实验时,系统预先针对大数据实验内容构建好一系列基于 CentOS 7 的特定容器镜像,通过 Docker 在集群主机内构建容器,充分利用容器资源高效的特点,为每个使用平台的用户开辟属于自己完全隔离的实验环境。容器内部,用户完全可以像使用 Linux 操作系统一样地使用容器,并且不会被其他用户的集群造成所影响,只需几台机器,就可能虚拟出能够支持上百个用户同时使用的隔离集群环境。图 A-3 所示为 BDRack 大数据实验一体机系统架构。

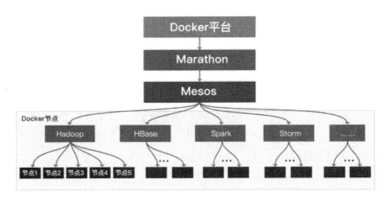

图 A-3　BDRack 大数据实验一体机系统架构

硬件方面，采用 cServer 机架式服务器，其英特尔®至强®处理器 E5 产品家族的性能比上一代提升多至 80%，并具备更出色的能源效率。通过英特尔 E5 家族系列 CPU 及英特尔服务器组件，可满足扩展 I/O 灵活度、最大化内存容量、大容量存储和冗余计算等需求；软件方面，搭载 Docker 容器云可实现 Hadoop、HBase、Ambari、HDFS、YARN、MapReduce、ZooKeeper、Spark、Storm、Hive、Pig、Oozie、Mahout、Python、R 语言等绝大部分大数据实验应用。

大数据实验一体机集实验机器、实验手册、实验数据以及实验培训于一体，解决怎么开设大数据实验课程、需要做什么实验、怎么完成实验等一系列根本问题。提供了完整的大数据实验体系及配套资源，包含大数据教材、教学 PPT、实验手册、课程视频、实验环境、师资培训等内容，涵盖面较为广泛，通过发挥实验设备、理论教材、实验手册等资源的合力，大幅度降低高校大数据课程的学习门槛，满足数据存储、挖掘、管理、计算等多样化的教学科研需求。具体的规格参数表如表 A-1 所示。

表 A-1　规格参数表

配套/型号	经济型	标准型	增强型
管理节点	1 台	3 台	3 台
处理节点	6 台	8 台	15 台
上机人数	30 人	60 人	150 人
实验教材	《大数据导论》50 本 《大数据实践》50 本 《实战手册》PDF 版	《大数据导论》80 本 《大数据实践》80 本 《实战手册》PDF 版	《大数据导论》180 本 《大数据实践》180 本 《实战手册》PDF 版
配套 PPT	有	有	有
配套视频	有	有	有
免费培训	提供现场实施及 3 天技术培训服务	提供现场实施及 5 天技术培训服务	提供现场实施及 7 天技术培训服务

大数据实验一体机在 1.0 版本基础上更新升级到最新的 2.0 版本实验体系，进一步丰富了实验内容，实验课程数量新增至 85 个。同时，实验平台优化了创建环境→实验操作→提交报告→教师打分的实验流程，新增了具有海量题库、试卷生成、在线考试、辅助评分等应用的考试系统，集成了上传数据→指定列表→选择算法→数据展示的数据挖掘及可视化工具。

在实验指导方面，针对各项实验所需，大数据实验一体机配套了一系列包括实验目的、实验内容、实验步骤的实验手册及配套高清视频课程，内容涵盖大数据集群环境与大数据核心组件等技术前沿，详尽细致的实验操作流程可帮助用户解决大数据实验门槛所限。具体来说，85 个实验课程包括以下方面。

（1）36 个 Hadoop 生态大数据实验。

（2）6 个真实大数据实战项目。

（3）21 个基于 Python 的大数据实验。

（4）18 个基于 R 语言的大数据实验。

（5）4 个 Linux 基本操作辅助实验。

整套大数据系列教材的全部实验都可在大数据实验平台上远程开展，也可在高校部署的 BDRack 大数据实验一体机上本地开展。

作为一套完整的大数据实验平台应用，BDRack 大数据实验一体机还配套了实验教材、PPT 以及各种实验数据，提供使用培训和现场服务，中国大数据（thebigdata.cn）、中国云计算（chinacloud.cn）、中国存储（chinastor.org）、中国物联网（netofthings.cn）、中国智慧城市（smartcitychina.cn）等提供全线支持。目前，BDRack 大数据实验一体机已经成功应用于各类院校，国家"211 工程"重点建设高校代表有郑州大学等，民办院校有西京学院等。其部署图如图 A-4 所示。

2. 人工智能实验环境

人工智能实验一直难以开展，主要有两方面原因。一方面，实验环境需要提供深度学习计算集群，支持主流深度学习框架，完成实验环境的快速部署，应用于深度学习模型训练等教学实践需求，同时也需要支持多人在线实验。另一方面，人工智能实验面临配置难度大、实验入门难、缺乏实验数据等难题，在实验环境、应用教材、实验手册、实验数据、技术支持等多方面亟须支持，以大幅度降低人工智能课程学习门槛，满足课程设计、课程上机实验、实习实训、科研训练等多方面需求，实现教学实验效果的事半功倍。

图 A-4 BDRack 大数据实验一体机实际部署图

AIRack 人工智能实验平台（http://www.cstor.cn/proTextdetail_12031.html）基于 Docker 容器技术，在硬件上采用 GPU+CPU 混合架构，可一键创建实验环境，并为人工智能实验学习提供一站式服务。其实验体系架构如图 A-5 所示。

图 A-5 AIRack 人工智能实验平台实验体系架构

实验时，系统预先针对人工智能实验内容构建好基于 CentOS 7 的特定容器镜像，通过 Docker 在集群主机内构建容器，开辟完全隔离的实验环境，实现使用几台机器即可虚拟出大量实验集群以满足学校实验室的使用需求。平台采用 Google 开源的容器集群管理系统 Kubernetes，能够方便地管理跨机器运行容器化的应用，提供应用部署、维护、扩展机制等功能。其平台架构如图 A-6 所示。

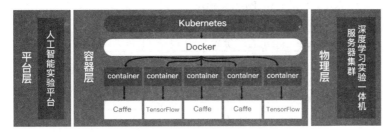

图 A-6　AIRack 人工智能实验平台架构

配套实验手册包括 20 个人工智能相关实验，实验基于 VGGNet、FCN、ResNet 等图像分类模型，应用 Faster R-CNN、YOLO 等优秀检测框架，实现分类、识别、检测、语义分割、序列预测等人工智能任务。具体的实验手册大纲如表 A-2 所示。

表 A-2　实验手册大纲

序号	课 程 名 称	课程内容说明	课时	培 训 对 象
1	基于 LeNet 模型和 MNIST 数据集的手写数字识别	理论+上机训练	1.5	教师、学生
2	基于 AlexNet 模型和 CIFAR-10 数据集图像分类	理论+上机训练	1.5	教师、学生
3	基于 GoogleNet 模型和 ImageNet 数据集的图像分类	理论+上机训练	1.5	教师、学生
4	基于 VGGNet 模型和 CASIA WebFace 数据集的人脸识别	理论+上机训练	1.5	教师、学生
5	基于 ResNet 模型和 ImageNet 数据集的图像分类	理论+上机训练	1.5	教师、学生
6	基于 MobileNet 模型和 ImageNet 数据集的图像分类	理论+上机训练	1.5	教师、学生
7	基于 DeepID 模型和 CASIA WebFace 数据集的人脸验证	理论+上机训练	1.5	教师、学生
8	基于 Faster R-CNN 模型和 Pascal VOC 数据集的目标检测	理论+上机训练	1.5	教师、学生
9	基于 FCN 模型和 Sift Flow 数据集的图像语义分割	理论+上机训练	1.5	教师、学生
10	基于 R-FCN 模型的行人检测	理论+上机训练	1.5	教师、学生
11	基于 YOLO 模型和 COCO 数据集的目标检测	理论+上机训练	1.5	教师、学生
12	基于 SSD 模型和 ImageNet 数据集的目标检测	理论+上机训练	1.5	教师、学生

续表

序号	课程名称	课程内容说明	课时	培训对象
13	基于 YOLO2 模型和 Pascal VOC 数据集的目标检测	理论+上机训练	1.5	教师、学生
14	基于 linear regression 的房价预测	理论+上机训练	1.5	教师、学生
15	基于 CNN 模型的鸢尾花品种识别	理论+上机训练	1.5	教师、学生
16	基于 RNN 模型的时序预测	理论+上机训练	1.5	教师、学生
17	基于 LSTM 模型的文字生成	理论+上机训练	1.5	教师、学生
18	基于 LSTM 模型的英法翻译	理论+上机训练	1.5	教师、学生
19	基于 CNN Neural Style 模型绘画风格迁移	理论+上机训练	1.5	教师、学生
20	基于 CNN 模型灰色图片着色	理论+上机训练	1.5	教师、学生

同时，平台同步提供实验代码以及 MNIST、CIFAR-10、ImageNet、CASIA WebFace、Pascal VOC、Sift Flow、COCO 等训练数据集，实验数据做打包处理，以便开展便捷、可靠的人工智能和深度学习应用。

AIRack 人工智能实验平台硬件配置如表 A-3 所示。

表 A-3　AIRack 人工智能实验平台硬件配置

产品型号	详细配置	单位	数量
CPU	E5-2650V4	颗	2
内存	32GB DDR4 RECC	根	8
SSD	480GB SSD	块	1
硬盘	4TB SATA	块	4
GPU	1080P（型号可选）	块	8

AIRack 人工智能实验平台集群配置如表 A-4 所示。

表 A-4　AIRack 人工智能实验平台集群配置

	极简型	经济型	标准型	增强型
上机人数	8 人	24 人	48 人	72 人
服务器	1 台	3 台	6 台	9 台
交换机	无	S5720-30C-SI	S5720-30C-SI	S5720-30C-SI
CPU	E5-2650V4	E5-2650V4	E5-2650V4	E5-2650V4
GPU	1080P（型号可选）	1080P（型号可选）	1080P（型号可选）	1080P（型号可选）
内存	8*32GB DDR4 RECC	24*32GB DDR4 RECC	48*32GB DDR4 RECC	72*32GB DDR4 RECC
SSD	1*480GB SSD	3*480GB SSD	6*480GB SSD	9*480GB SSD
硬盘	4*4TB SATA	12*4TB SATA	24*4TB SATA	36*4TB SATA

在人工智能实验平台之外，针对目前全国各大高校相继开启深度

学习相关课程，DeepRack 深度学习一体机（http://www.cstor.cn/proTextdetail_10766.html）一举解决了深度学习研究环境搭建耗时、硬件条件要求高等种种问题。

凭借过硬的硬件配置，深度学习一体机能够提供最大每秒 144 万亿次的单精度计算能力，满配时相当于 160 台服务器的计算能力。考虑到实际使用中长时间大规模的运算需要，一体机内部采用了专业的散热、能耗设计，解决了用户对于机器负荷方面的忧虑。

一体机中部署有 TensorFlow、Caffe 等主流的深度学习开源框架，并提供大量免费图片数据，可帮助学生学习诸如图像识别、语音识别和语言翻译等任务。利用一体机中的基础训练数据，包括 MNIST、CIFAR-10、ImageNet 等图像数据集，也可以满足实验与模型塑造过程中的训练数据需求。深度学习一体机外观如图 A-7 所示，服务器内部如图 A-8 所示。

图 A-7 深度学习一体机外观

图 A-8 深度学习一体机节点内部

深度学习一体机服务器配置参数如表 A-5 所示。

表 A-5 服务器配置参数

	经 济 型	标 准 型	增 强 型
CPU	Dual E5-2620 V4	Dual E5-2650 V4	Dual E5-2697 V4
GPU	Nvidia Titan X *4	Nvidia Tesla P100*4	Nvidia Tesla P100*4
硬盘	240GB SSD+4T 企业盘	480GB SSD+4T 企业盘	800GB SSD+4T*7 企业盘
内存	64GB	128GB	256GB
计算节点数	2	3	4
单精度浮点计算性能	88 万亿次/秒	108 万亿次/秒	144 万亿次/秒
系统软件	Caffe、TensorFlow 深度学习软件、样例程序，大量免费图片数据		
是否支持分布式深度学习系统	是		

此外，对于构建高性价比硬件平台的个性化的 AI 应用需求，dServer 人工智能服务器（http://www.cstor.cn/proTextdetail_12032.html）采用英特尔 CPU+英伟达 GPU 的混合架构，预装 CentOS 操作系统，集成两套行业主流开源工具软件——TensorFlow 和 Caffe，同时提供 MNIST、CIFAR-10 等训练测试数据，通过多类型的软硬件备选方案以及高性能、点菜式的解决方案，方便自由选配及定制安全可靠的个性化应用，可广泛用于图像识别、语音识别和语言翻译等 AI 领域。dServer 人工智能服务器如图 A-9 所示，配置参数如表 A-6 所示。

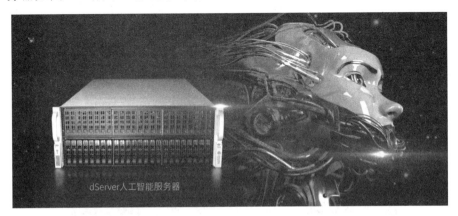

图 A-9　dServer 人工智能服务器

表 A-6　dServer 人工智能服务器配置参数

配　　置	参　　数
GPU（NVIDIA）	Tesla P100，Tesla P4，Tesla P40，Tesla K80，Tesla M40，Tesla M10，Tesla M60，TITAN X，GeForce　GTX 1080
CPU	Dual E5-2620 V4，Dual E5-2650 V4，Dual E5-2697 V4
内存	64GB/128GB/256GB
系统盘	120GB SSD/180GB SSD/240GB SSD
数据盘	2TB/3TB/4TB
准系统	7048GR-TR
软件	TensorFlow，Caffe
数据（张）	车牌图片（100 万/200 万/500 万），ImageNet（100 万），人脸图片数据（50 万），环保数据

目前，dServer 人工智能服务器已经在清华大学车联网数据云平台、西安科技大学大数据深度学习平台、湖北文理学院大数据处理与分析平台等项目中部署使用。其中，清华大学车联网数据云平台项目配置如图 A-10 所示。

名称	深度学习服务器
生产厂家	南京云创大数据科技股份有限公司
主要规格	cServer C1408G
配置说明	CPU: 2*E5-2630v4　　GPU: 4*NVIDIA TITAN X　　内存: 4*16G (64G) DDR4,2133MHz, RECC 硬盘: 5* 2.5"300GB 10K SAS（企业级）　　网口: 4个10/100/1000Mb自适应以太网口 电源: 2000W 1+1冗余电源　　计算性能: 单个节点单精度浮点计算性能为44万亿次/秒 预装Caffe、TensorFlow深度学习软件、样例程序；提供MNIST、CIFAR-10等训练测试数据，提供交通卡口图片数据不少于400万张，环境在线数据不少于6亿条

图 A-10　清华大学车联网数据云平台项目配置

综上所述，大数据实验平台 1.0 用于个人自学大数据远程做实验；大数据实验一体机受到各大高校青睐，用于构建各大学自己的大数据实验教学平台，使得大量学生可同时进行大数据实验；AIRack 人工智能实验平台支持众多师生同时在线进行人工智能实验；DeepRack 深度学习一体机能够给高校和科研机构构建一个开箱即用的人工智能科研环境；dServer 人工智能服务器可直接用于小规模 AI 研究，或搭建 AI 科研集群。

附录 B

Hadoop 环境要求

1. 硬件要求

Hadoop 集群需要运行几十、几百甚至上千个节点,选择匹配相应的工作负载的硬件,能在保证效率的同时最大可能地节省成本。

一般来说,Datanode 的推荐规格为:
- 4 个磁盘驱动器(1~4TB)。
- 2 个 4 核 CPU(2~2.5GHz)。
- 16~64GB 的内存。
- 千兆以太网(存储密度越大,需要的网络吞吐量越高)。

Namenode 的推荐规格为:
- 8~12 个磁盘驱动器(1~4TB)。
- 2 个 4/8 核 CPU(2~2.5GHz)。
- 32~128GB 的内存。
- 千兆或万兆以太网。

2. 操作系统要求

HDP 2.6.0 支持的操作系统版本如表 B-1 所示。

表 B-1 HDP 2.6.0 支持的操作系统版本

操作系统	版本
CentOS(64bit)	CentOS 7.0/7.1/7.2
	CentOS 6.1/6.2/6.3/6.4/6.5/ 6.6/6.7/6.8
Debian	Debian 7

续表

操作系统	版本
Oracle（64bit）	Oracle 7.0/7.1/7.2
	Oracle 6.1/6.2/6.3/6.4/6.5/6.6/6.7/6.8
Red Hat（64bit）	RHEL 7.0/7.1/7.2
	RHEL 6.1/6.2/6.3/6.4/6.5/6.6/6.7/6.8
SUSE（64bit）	（SLES）Entreprise Linux 12，SP2
	（SLES）Enterprise Linux 12，SP1
SUSE（64bit）	（SLES）Enterprise Linux 11，SP4
	（SLES）Enterprise Linux 11，SP3
Ubuntu（64bit）	Ubuntu 16.04（Xenial）
	Ubuntu 14.04（Trusty）

3. 浏览器要求

Ambari 是基于 Web 的 Apache Hadoop 集群的供应、管理和监控工具，需要浏览器的支持，支持的浏览器版本如表 B-2 所示。

表 B-2　Ambari 2.5.0 支持的浏览器版本

操作系统	浏览器
Linux	Chrome 56.0.2924/57.0.2987
	Firefox 51/52
Mac OS X	Chrome 56.0.2924/57.0.2987
	Firefox 51/52
	Safari 10.0.1/10.0.3
Windows	Chrome 56.0.2924/57.0.2987
	Edge 38
	Firefox 51.0.1/52.0
	Internet Explorer 10/11

（1）Java 环境要求

Hadoop 是由 Java 实现的，需要 Java 环境支持，支持的 JDK 版本如表 B-3 所示。

表 B-3　HDP 2.6.0 支持的 JDK 版本

JDK	版本
Open Source	JDK8†
	JDK7†，deprecated
Oracle	JDK 8，64bit（minimum JDK 1.8.0_77），default
	JDK 7，64bit（minimum JDK 1.7_67），deprecated

（2）Python 环境要求

Hadoop 的 Web 工具 ambari 是基于 Python 语言编写的，需要安装 Python 环境。HDP 2.6.0 支持的 Python 版本为 2.6 及以上。

附录 C 名词解释

有关大数据的一些名词解释如表 C-1 所示。

表 C-1 名词解释

名 词	解 释
Ambari	Apache Ambari 是一种基于 Web 的工具，支持 Apache Hadoop 集群的供应、管理和监控
Browser	网页浏览器，文中如非特指，采用的是 Google Chrome 浏览器
CAB	变更咨询委员会（Change Advisory Board）
CCB	配置控制委员会（Configuration Control Board）
CDH	Cloudera Distribution Hadoop，即 Cloudera 公司的发行版 Hadoop
CI	配置项（Configuration Item）是指要在配置管理控制下的资产、人力、服务组件或者其他逻辑资源。从整个服务或系统来说，包括硬件、软件、文档、支持人员到单独软件模块或硬件组件（CPU、内存、SSD、硬盘等）。配置项需要有整个生命周期（状态）的管理和追溯（日志）
CLI	Command Line Interface，命令行界面，用户可以在该界面输入命令，对系统进行操作
CM	配置管理（Configuration Management），是通过技术或行政手段对软件产品及其开发过程和生命周期进行控制、规范的一系列措施
CMDB	配置管理数据库（Configuration Management Database），用于存储与管理企业 IT 架构中设备的各种配置信息，它与所有服务支持和服务交付流程都紧密相联，支持这些流程的运转、发挥配置信息的价值，同时依赖于相关流程保证数据的准确性

续表

名 词	解 释
CMS	配置管理系统（Configuration Management System）
DoS	拒绝服务（Denial of Service），DoS 攻击是通过大量访问耗尽被攻击对象的资源，让目标计算机或网络无法提供正常的服务或资源访问，使目标系统服务系统停止响应甚至崩溃
ECAB	紧急变更咨询委员会（Emergency Change Advisory Board）
Elastic Search	一个基于 Lucene 的搜索服务器，常用于日志分析
GUI	图形用户界面（Graphical User Interface）
Hadoop	一个由 Apache 基金会所开发的分布式系统基础架构
Hbase	HBase 是一个分布式的、面向列的开源数据库
HDP	Hortonworks Data Platform，Hortonworks 公司的 Hadoop 平台
Impala	Cloudera 公司主导开发的新型查询系统，它提供 SQL 语义，能查询存储在 Hadoop 的 HDFS 和 HBase 中的 PB 级大数据
ISO2000	信息技术服务管理体系标准，是面向机构的 IT 服务管理标准
ITIL	IT 基础架构库即信息技术基础架构库（ITIL，Information Technology Infrastructure Library）由英国政府部门 CCTA（Central Computing and Telecommunications Agency）在 20 世纪 80 年代末制订，现由英国商务部 OGC（Office of Government Commerce）负责管理，主要适用于 IT 服务管理（ITSM）。ITIL 为企业的 IT 服务管理实践提供了一个客观、严谨、可量化的标准和规范
Job	作业，指提交到 Hadoop 大数据系统中运行的作业
MapReduce	一种编程模型，用于大规模数据集（大于 1TB）的并行运算。概念"Map（映射）"和"Reduce（归约）"，是它们的主要思想，都是从函数式编程语言里借来的，还有从矢量编程语言里借来的特性。它极大地方便了编程人员在不会分布式并行编程的情况下，将自己的程序运行在分布式系统上。当前的软件实现是指定一个 Map（映射）函数，用来把一组键值对映射成一组新的键值对，指定并发的 Reduce（归约）函数，用来保证所有映射的键值对中的每一个共享相同的键组
Master	主节点，指构成 Hadoop 大数据系统的主服务器节点
MongoDB	一个介于关系数据库和非关系数据库之间的产品，是非关系数据库当中功能最丰富，最像关系数据库的，支持的数据结构非常松散，是类似 json 的 bson 格式，因此可以存储比较复杂的数据类型
MTTF	Mean Time To Failure，平均失效前时间
MTTR	Mean Time To Restoration，平均恢复前时间
NoSQL	Not only SQL，泛指非关系型的数据库
NTP	Network Time Protocol，通过网络对时的协议，用于将多台服务器的时间保持一致
OTRS	Open Technology Real Services，一种工单管理软件

续表

名词	解释
PDCA	PDCA 是英语单词 Plan（计划）、Do（执行）、Check（检查）和 Adjust（纠正）的第一个字母，PDCA 循环就是按照这样的顺序进行质量管理，并且循环不止地进行下去的科学程序
RAID	Redundant Arrays of Independent Disks，磁盘阵列，磁盘阵列是由很多价格较便宜的磁盘，组合成一个容量巨大的磁盘组，利用个别磁盘提供数据所产生的加成效果提升整个磁盘系统效能
RPO	Recovery Point Objective，灾备切换后，数据丢失的时间范围
RTO	Recovery Time Objective，业务从中断到恢复正常所需要的时间
Slave	从节点，指构成 Hadoop 大数据系统的从服务器节点
Spark	专为大规模数据处理而设计的快速通用的计算引擎
Sqoop	一款开源的工具，主要用于在 Hadoop（Hive）与传统的数据库（MySQL、PostgreSQL 等）间进行数据的传递，可以将一个关系型数据库（如 MySQL、Oracle、PostgreSQL 等）中的数据导入到 Hadoop 的 HDFS 中，也可以将 HDFS 的数据导入到关系型数据库中
SSH	Secure Shell，专为远程登录会话和其他网络服务提供安全性的协议
Storm	一个分布式的、可靠的、容错的数据流处理系统
Task	任务，指 Hadoop 作业中分解出来执行的任务
Tivoli	IBM 公司为运维管理开发的软件产品
Yarn	Yet Another Resource Negotiator，一种新的 Hadoop 资源管理器
ZooKeeper	一个分布式的、开放源码的分布式应用程序协调服务，是 Google 的 Chubby 中一个开源的实现，是 Hadoop 和 HBase 的重要组件。它是一个为分布式应用提供一致性服务的软件，提供的功能包括配置维护、域名服务、分布式同步、组服务等
配置基线	在服务或服务组件的生命周期中，某一时间点被正式指定的配置信息